千丝物语

BJD 假发与眼珠制作教程

一时兴起
工作室
编著

电子工业出版社
Publishing House of Electronics Industry
北京·BEIJING

图书在版编目（CIP）数据

千丝物语：BJD假发与眼珠制作教程 / 一时兴起工作室编著.—北京：电子工业出版社，2023.4

ISBN 978-7-121-45298-7

Ⅰ. ①千… Ⅱ. ①一… Ⅲ. ①玩偶－装饰制品－制作－教材 Ⅳ. ①TS958.6

中国国家版本馆CIP数据核字（2023）第051706号

责任编辑：高　鹏　　　　　　　特约编辑：田学清
印　　刷：北京利丰雅高长城印刷有限公司
装　　订：北京利丰雅高长城印刷有限公司
出版发行：电子工业出版社
　　　　　北京市海淀区万寿路173信箱　　　　邮编：100036
开　　本：787×1092　　1/16　　印张：17.5　　字数：392千字
版　　次：2023年4月第1版
印　　次：2023年9月第3次印刷
定　　价：138.00元

凡所购买电子工业出版社图书有缺损问题，请向购买书店调换。若书店售缺，请与本社发行部联系，联系及邮购电话：(010) 88254888，88258888。

质量投诉请发邮件至zlts@phei.com.cn，盗版侵权举报请发邮件至dbqq@phei.com.cn。

本书咨询联系方式：(010) 88254161~88254167转1897。

读 者 服 务

扫一扫关注"有艺"

扫码观看全书视频

您在阅读本书的过程中如果遇到问题，可以关注"有艺"公众号，通过公众号中的"读者反馈"功能与我们取得联系。此外，通过关注"有艺"公众号，您还可以获取艺术教程、艺术素材、新书资讯、书单推荐、优惠活动等相关信息。

投稿、团购合作：请发邮件至 art@phei.com.cn。

出版社的编辑某天找我，说想合作出版一本 BJD 假发和眼珠制作的图书，于是，我、眼镜熊的小剪刀、生生 SuPinE、脆皮和旅人一起接下了这份工作。由此，我们临时凑成了一个写作团队——一时兴起工作室。这个名字虽然取得随性了些，但是我们写的内容包含了满满的诚意，期待你的读后感。

BJD 为 Ball-jointed Doll 的英文首字母缩写，中文意思为"球形关节人偶"。现在通常所说的 BJD 指使用球形关节，身体各部位以橡皮筋、S钩等进行连接，使关节可以灵活活动，从而达到高度可动性的人偶，材质多为树脂、陶瓷等。我最开始接触假发只是由于当时的一点冲动，觉得应该学点什么，看看自己能不能做到，顺便给自己"玩"BJD 找一个完美的借口，直到后来它变成了我的一种生活方式。

没有太强烈的目标，没有太强烈的热爱，一路磕磕绊绊走到现在，回头一看我做假发已有 6 年之久。开始时，假发教程很少，手钩美人尖当时也只是一张图纸；COS 假发、真人假发的做法都和 BJD 不兼容。最初，我的技术不熟练，只敢做基础美人尖，做到后来闭着眼睛都能钩美人尖，经验多了以后，我就开始接触手改盘发造型。

我的杂念多、注意力不集中，学什么东西都很慢，还因此经常焦虑、自卑。当我困扰于人际关系的处理，困扰于别人喜欢还是讨厌我的时候，依稀记得有位同行跟我说了一句话："比起厨师，人们更在意面包。"这句话让我醍醐灌顶，从那之后，我每天在工作室里，日复一日地做头发，坚持不懈地做头发。

尽管审美跟不上潮流，尽管技术还达不到完美，尽管我总是走得比别人慢，我也要一步一步地走下去，从始至终，从零到无限。

雁焱

目录

001

017

183

209

235

270

后记

第 1 章

BJD假发制作的准备工作

BJD 假发的常用材质和适配发型 ｜ BJD 假发造型的通用工具 ｜ 手钩美人尖的工具 ｜ 胶水的种类和用法

● 高温丝

优点：发质硬挺，定型能力强，材质分为哑光和正常，较仿真。

缺点：垂感一般，发丝较粗。

适配发型：常用于二次元反翘反重力发型、古风编发盘发造型、现代造型、大卷造型等。

适用温度：约160℃~170℃。

● 软高温丝

优点：发质较软，发丝较细，光泽度较好，垂感较好。

缺点：定型能力稍弱。

适配发型：常用于现代纹理烫、古风编发盘发、二次元披发、卷发造型等。

适用温度：约130℃~140℃。

● PP丝

优点：发质软，发丝细，光泽度极好，垂感极好。

缺点：本身定型能力弱，容易起静电。

适配发型：常用于欧风盘发编发、小卷造型、现代卷发、现代轻纹理造型。

适用温度：约120℃~140℃。

● 马海毛

优点：发质很软，发丝极细；依照颜色的深浅，光泽度可以分为半光或亮光；垂感稍弱，有飘逸感，仿真。

缺点：不宜定型，容易起静电、炸毛。

配适发型：常用于盘发编发、各种卷发造型、日常披发发型、轻纹理造型。

适用温度：约160℃。

BJD 假发造型的通用工具包括头台、修剪工具、烫发工具、辅助工具几大类，本节介绍一些常用工具，大家在实际应用中可以根据自己的需求进行购买或替换。

● 头台

树脂头台：分为底座和头模两个部分。底座的最佳选择为稳定、不易移动的底座，材质不限。头模可选择合适头围的树脂头模，推荐选购正版练妆头模（练妆头模价格便宜，有损耗、脱妆也不会太心疼）。树脂头模的优点在于方便确定耳朵、鬓角、发际线的位置，也便于控制刘海儿的长度。

木头台：比树脂头台便宜，既可应对日常的造型制作及修剪，也可用于手钩假发的制作。在木头台上可以使用图钉固定美人尖发网和本体，方便操作。

头台桌面夹：兼顾稳固和支撑的功能，一般和木头台配合使用。

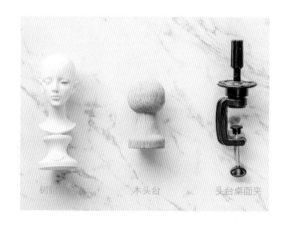

树脂头台　　　木头台　　　头台桌面夹

● 修剪工具

牙刷、尖尾梳、眉梳：用于 BJD 假发的梳理和辅助造型。

牙刷适合梳理面积比较小的碎发，可蘸取定型膏刷在假发上，也可用于马海毛的日常梳理。

尖尾梳用于日常的假发梳理及造型辅助，使用尖尾端方便将假发分层。

眉梳同样适合梳理小面积的假发，方便塑造细节，硬度比牙刷高，可根据需求选择购买。

平剪、牙剪：用于 BJD 假发的修剪。

平剪是造型必备，用途广泛，普遍用于修剪长度、修剪发尾等。

牙剪可用于发量打薄，大家可以选购去发量为10%~15%的品类，单次打薄量比较少，方便控制发量，并且打薄后留下的剪口相对自然。

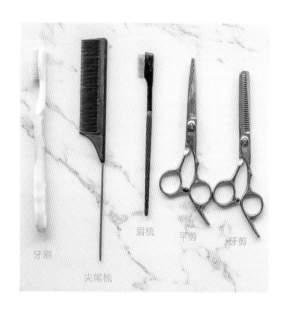

牙刷　尖尾梳　眉梳　平剪　牙剪

纱剪（线剪）：辅助修剪。

纱剪易于操控，既可用于修剪假发缝纫过程中留下的线头，也可用于修剪飞毛、辅助打薄。

美发夹（鲨鱼夹）：在造型过程中可用美发夹将假发分层。

美发夹的摩擦力比较大，方便夹住较大量的假发并将其分区，方便后续造型。

铝制平口夹（鸭嘴夹）：可用于假发分层。

选购平口夹时要注意材质，铁质平口夹容易生锈，锈迹会留在假发上，所以不推荐购买。铝质平口夹不易锈且材质较软，可掰成任意角度方便贴合头皮。铝制平口夹的长度以 4.5~5cm 为宜。

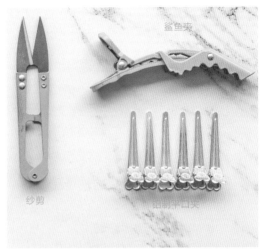

● 烫发工具

直板夹：既可用于拉直发丝、抚平毛躁，也可用于加热局部进行造型，还可替代部分卷发棒功能。

卷发棒（9mm、6mm）：9mm 卷发棒适用于大部分 BJD 尺寸的卷发造型制作，6mm 卷发棒用于细节塑造。

吹风机：吹风机可加速造型胶凝固，如果已经做了部分造型，需要开冷风或低温模式吹干，以免破坏做好的造型。

挂烫机：挂烫机既可用于缩小假发体积，使假发更服帖，也可代替直板夹拉直假发。使用过程中要注意不要将挂烫机对着人，以免烫伤。

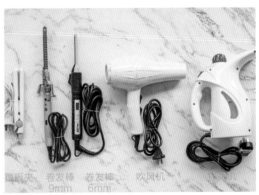

● 辅助工具

热熔胶棒、热熔胶枪：两者需要组合使用，既可用于贴发排、制作发包，也可用于黏合饰品或对分体造型进行拼接。

定型胶（BJD 造型胶）：这是一种水性胶，胶体透明，干后透明、无色、不泛白，适用于大面积上胶定型。例如，古风盘发、美人尖上胶。涂好定型胶后可用吹风机加速干燥，假发上的水性胶可用水洗净重新造型。

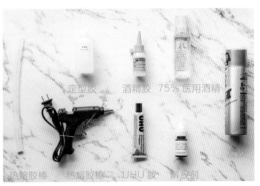

酒精胶、75% 医用酒精：酒精胶需要用少量 75% 医用酒精进行稀释后使用，主要用于部分细节造型的定型，在盘发和美人尖上胶时的使用率较高，可以和 BJD 造型胶配合或替换使用，区别在于酒精胶比 BJD 造型胶难卸除。

UHU 胶：制作假发片时使用较多，也可用于发排的粘贴。

解胶剂：适用于大部分常用胶水。酒精类胶水在使用过程中会因拉丝产生泛白或胶痕，如泛白可以涂抹少量解胶剂除去痕迹，水性胶同样适用。

发胶：用于假发造型的整体塑造、整理和定型，一般用在最后一步。

弹力线：固定马尾，用缠绕的手法绕在需要固定的位置并打结，弹力线规避了用传统橡皮筋扎高马尾容易不平整的问题，并且材质坚韧，不会轻易断裂。

橡皮筋：辅助定位或固定马尾等束发造型。橡皮筋不能碰 UHU 胶、不能靠近正在使用中的高温卷发棒，否则会断裂。

缝纫线：适用于部分需要贴头固定的造型，颜色丰富，适配多色发型，不易老化、断裂。部分造型中可用鱼线替代缝纫线（粗鱼线太硬易崩，细的又易断，实用性有限）。

1.3 手钩美人尖的工具

美人尖是指在额头中间有一个尖、两边鬓尖对称的发际线，大致为 M 型。

BJD 假发通常是由人们手钩加工出额头单尖、额头及两鬓，或者各种异型发际线的，甚至可以做出全头手钩加鬓角的毛坯。大家可以根据审美需求调整美人尖的形状。

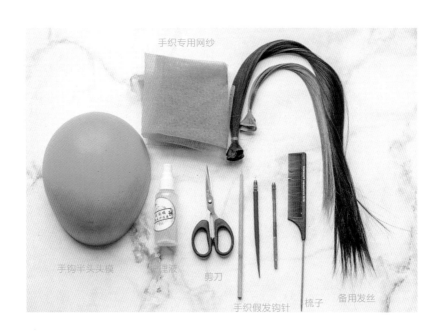

以下是常用的手钩美人尖的工具。

手钩半头头模：底部有打孔，需配合支架使用，在上面扎上网纱进行手钩，制作 BJD 假发时用小号即可。

手钩半头头模材质分为橡胶款和塑胶款。橡胶款易积灰、不易清洗，能用图钉和透明胶，但是胶痕难去除；塑胶款只能用图钉固定，材质光滑、易清洗。手钩半头头模的颜色有绿、白、红三色。手钩半头头模底部需要配备支架，有桌面支架和三脚架任选。

手织假发钩针是将发丝钩进发网用的工具，由针头和针柄组成。

钩针头：头部是带有细小倒针的金属钩针，钩针头型号根据所钩发丝根数区分，型号 1-2 可钩取 1~2 根发丝，型号 2-3 可钩取 2~3 根发丝，型号 3-4 可钩取 3~4 根发丝等，种类较多，也有可钩取 6~7 根发丝的钩针。制作 BJD 假发时常用型号 2-3 和型号 3-4 的钩针头，如果手法熟练仅用其中一种即可。使用过程需要注意安全。

针柄：材质大致分为木质、塑料和金属。

木质柄较为轻巧，针头固定、不可替换，属于消耗品，适合浅试的初学者。

塑料柄通常为蓝色，尾部带尖头，重量适中，针头可替换，尾部尖头可以辅助区分发丝，有基础的人常用这款。

金属柄又分为粗柄和细柄，针头可替换，重量较重，可根据个人喜好选择。

此外，还有水晶柄钩针，即透明塑料柄钩针，钩针头固定、不可替换，其颜值和木质柄钩针相比较高。

手织专用网纱：这是一种手织假发专用蕾丝网纱，弹性低、网孔密度大、网孔呈六边形，横竖纱都可用；颜色多为肤色，深浅程度不同。给 BJD 普肌和白肌娃娃做头皮，选浅肤色网纱即可，烧肌娃娃可选深肤色网纱，灰肌娃娃可选灰色网纱，黑肌娃娃可选黑色网纱。

梳子：这里对梳子没有太大的要求，普通小齿梳即可，用于梳理发排、发丝。

剪刀：用于修剪网纱、发排头和发丝，普通剪刀即可，尽量不和专门剪发丝的剪刀混用。

护理液：带有顺滑效果，用于整理发丝和处理钩发过程中的静电。

备用发丝：发丝材质与假发本体的材质一致，高温丝、软高温丝、牛奶丝、马海毛等均可用于钩毛。材质较软的发丝钩起来更顺手。

普通色备用发丝可用同色发排替代，图中灰色备用发丝的长度约为 40cm，适用于短发造型的钩发；黑色备用发丝的长度约为 60cm，适用于长发造型的钩发。

注意，钩发对折根据发丝长短可选择 1/2 和 2/3 对折，发丝太短较难进行钩发，初学者建议使用 40cm 的发丝进行练习。

1.4　胶水的种类和用法

可用于假发造型的胶水有很多种，本节主要讲解购买简单、方便，且操作相对简单的胶水种类，以便大家更快地掌握和了解胶水的用法，并能够更快地学会自己给 BJD 做假发造型。

常见的胶水有 UHU 胶、热熔胶、发胶、造型胶、乳白胶、造型啫喱。

以下是各种胶水的详细用法和优缺点对比。

1.4.1　UHU 胶

UHU 胶既可以用于制作发片、发包、发排，也可以用于粘发料、做头缝等，用途很广。

优点：干得慢，容错率比较高；制作发片方便，简单且快捷；控制 UHU 胶的使用量可以做出很自然的发际线。

缺点：干得慢，完全凝固要好几个小时；操作不当易发白；不宜在浅色头发的表面使用，可能随着时间的变化而黄化。

1. UHU 胶的用法 1：制作发片

UHU 胶可用于贴发际线，可以先做出成片的假发片，再粘在假发上，制成锯齿形的发际线，一般用于制作二次元假发的发际线。

修剪成锯齿形状

2. UHU 胶的用法 2：制作发包

在制作发包时，可以在发团上加一些 UHU 胶，双手捻搓，边搓边固定发包的形状，然后将发料粘在发团上。注意用胶，可以适当使用直板夹加热发丝，让发丝更服帖，最后在不明显的位置涂胶收尾，用下一条发料盖在收尾的位置上。泛白的地方可以使用解胶剂涂抹，尽量减少泛白的情况。UHU 胶也可以用于假发本体与发包的黏合。

 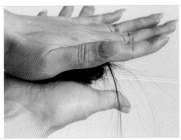 

01 将发料团成团，加入适量 UHU 胶，用手心搓团，如果胶不够，可以再添加继续搓，直到搓成紧实的发团且大小和形状合适。

02 得到如上图所示的发团后，可以用直板夹或卷发棒加热后塑造出想要的形状。

03 取少量短发料，包在两边，用 UHU 胶固定，可以用卷发棒加热发丝，使其更贴合发包形状，包好的状态如上图所示，另一边重复以上操作。

04 取一束长发料，均匀缠在发包的表面，注意隐藏胶印明显的衔接处和注意发丝的整齐度，直到将发包全部缠住。

05 若出现白色胶印，可喷少量发胶或使用解胶剂，这样能够清除多余胶水，减少泛白的情况。

3. UHU 胶的用法 3：制作发排

取一个塑料板或切割垫板（这类材质上残留的胶水易清理），挤一点 UHU 胶涂在发丝末端，用手或棉签将 UHU 胶均匀涂抹在发丝上，让 UHU 胶接触每一根发丝，并尽可能地将发排压薄一些，避免发量太厚、发排松散，或者制作假发时发量太多，对造型产生影响。

加入少量 UHU 胶，用棉签均匀涂抹在发丝上，并用力将发丝压扁，使其均匀分布。干透后取下，即可得到一个发排。

取适量发料，在发料末端涂 UHU 胶，将发料对准头缝的位置放好，等待一会儿再将发料固定好。

取适量发料，在本体头缝的位置上涂 UHU 胶，将发料对准涂 UHU 胶的位置放好，等待一会儿再将发料固定好。

最终效果如下图所示。

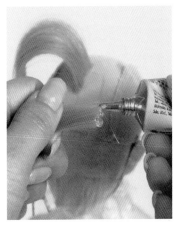  

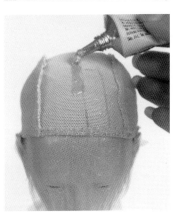  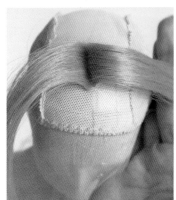

1.4.2 热熔胶

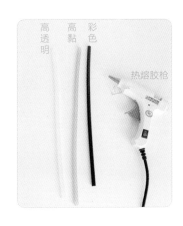

热熔胶的适用范围和 UHU 胶几乎不相上下，可以用于制作发包，以及粘发排、发片和头缝，用途广泛，但操作略难。

优点：热熔胶冷却后，即已固定好，时间短。

缺点：操作不当会有泛白、拉丝、结块等情况，上手难度略高。

为了让读者看清操作，下面的案例使用了黑色的热熔胶，大家自己在练习时使用透明的热熔胶即可。

1. 热熔胶的用法 1: 制作发包

内部的发团可以选择用黏土或 UHU 胶制作，外层包裹的发料用热熔胶固定。

01 用黏土捏出一个发包的造型，用热熔胶直接将发丝固定在黏土上，缠绕发丝的方法与用 UHU 胶制作发包的方法相同。

02 收尾时，在发包的下侧剪断发丝，点少量热熔胶，粘住发尾。

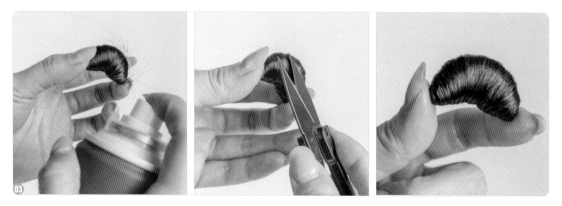

03 若发丝不整齐，可喷发胶固定发丝，剪掉多余的碎发，即可得到一个干净、整齐的发包。

2. 热熔胶的用法 2：粘发排

这是在需要自己制作假发时常用的方法之一，只要在头套上确定好位置，将发排粘上即可。如果热熔胶的温度不够，则可能会粘不住，所以动作要快。

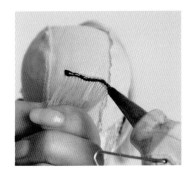 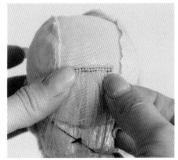 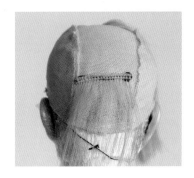

3. 热熔胶的用法 3：粘发片

将用 UHU 胶做好的发片粘在假发上，操作简单。注意，如果发片上的 UHU 胶没有完全干透会有白色气泡出现，应等 UHU 胶干透后再进行此步骤。

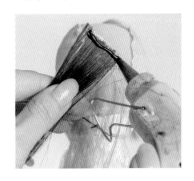 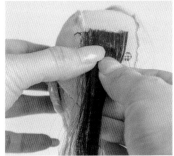 

4. 热熔胶的用法 4：粘头缝

此方法不适合初学者，需要经过练习才能达到快、准、稳。该方法和使用 UHU 胶的操作方法相同，只是需要更加快速，需要达到一定的熟练程度。

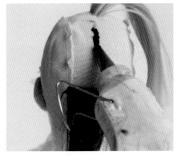 

1.4.3　发胶 / 干胶

常用的喷雾发胶，一般用在自然、蓬松的造型上，距离 20~30cm 或 30cm 以外喷，想要得到自然的效果就少量多次地叠加使用，在上一层干透之后再喷下一层。

优点：速干，可用吹风机热风烘干，烘干后更硬一些，方便操作；可以用于二次造型。

缺点：造型不可水洗，且喷胶之后再用直板夹造型会成片状；有泛白的情况可再次喷发胶或用水去除。

喷发胶时，一定要保持 20~30cm 的距离，少量多次喷，然后用吹风机热风烘干，可以让发胶更硬。使用发胶可以做出很自然的毛流感。

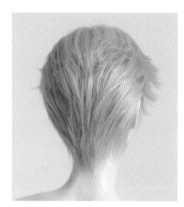

1.4.4　造型胶（定型胶）

造型胶（定型胶）最早用于霹雳布袋戏假发的制作，又称霹雳胶。使用时可按需要兑水调节硬度，将造型胶均匀地涂抹在假发上，用夹子固定在想要的位置上，等干，在干之前可以慢慢调整造型。

优点：容错率高，操作简单，适用于初学者；硬度可自由调节；制作出的造型如同头盔，不变形。

缺点：质地观感偏硬，会出现泛白的情况，可用棉签蘸水轻擦。

将造型胶均匀地涂抹在发丝上，做出想要的形状，待造型胶干透后就能得到一个坚硬的造型。

1.4.5 乳白胶

乳白胶一般用于头壳、头套及发排的制作。

紫胶：Aleene`s Original TACKY GLUE 通用多功能胶　　牛头胶：Elmer`s（艾默思）美国牛头胶　　得力 / 固易：国产乳白胶

硬度：紫胶＞牛头胶＞得力 / 固易。

黏度：紫胶＞牛头胶＞得力 / 固易。

大家可以根据自己的需要来选择胶水，并非越硬越好，也不是越黏越好。

例如，发排的制作可以选择紫胶和牛头胶，而头套的制作可以选择牛头胶或国产乳白胶，这样可以保持一定的弹性。

1.4.6 造型啫喱 / 果冻胶

造型啫喱和果冻胶可以抚平毛躁，可用于打理辫子的造型和做出湿发效果，也可与造型胶混合使用。

第 2 章

BJD假发的基础手法

打薄方法 | 基础刘海儿 | 基础烫发手法 | 基础卷发手法

渐变色的基础做法 | 拼接与拼色 | 手钩美人尖 | 长发变中短发

在造型过程中，为了让造型更加贴合娃头，更显飘逸、轻盈，会使用打薄的方式来减少发量，或者减少造型的重量。刘海儿、鬓角、短发、长发、发根、发梢都需要打薄，这是制作假发造型中不可缺少的流程。

使用的工具：牙剪和平剪。

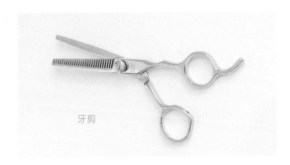

牙剪   平剪

梳顺发丝，将牙剪水平放置，齿面向上，可去除剪下的假发。根据需要分段剪发丝，每段的距离不宜过短。

2.1.1 发根打薄

● 方法 1

拆掉发排。此方法在发排很密并且严重影响造型制作时使用，适用于造型后看不到的位置。

● 方法 2

在发排根部将发丝齐根剪掉。此方法适用于造型后看不见的位置。

● 方法 3

在发排根部挑出部分发丝，齐根剪掉。挑出发丝时可以选择性地均匀挑出，避免底坯有太多留白。

●方法 4

　　使用牙剪在发根位置齐根打薄，少量多次，避免剪秃。

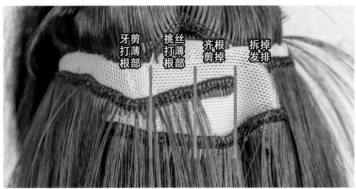

牙剪 挑丝 齐根 拆掉
打薄 打薄 剪掉 发排
根部 根部

4种方法的对比效果：牙剪打薄根部、
挑丝打薄根部、齐根剪掉、拆掉发排。

2.1.2　发梢打薄

●方法 1

　　将发丝拧成一股，使用牙剪分段剪，可以均匀剪短，达到减少发梢发丝的效果。

● 方法 2

　　使用牙剪，倾斜 45°，分段下剪，向上或向下都可以。两侧的发丝，在将牙剪倾斜 45° 时，顺着 C 形下剪，可以剪出圆润的发尾形状。

● 方法 3

　　使用平剪，将平剪竖起，稍微倾斜，自上而下削剪，控制好力度，不要闭合剪刀，而是用两片刀片轻轻削掉发丝。

╭─────── 小贴士 ───────╮

一定要反复多次使用剪刀，避免一次剪太多导致发丝过少或不均匀。

╰──────────────────────╯

2.2 基础刘海儿

下面讲解几种常见的刘海儿修剪手法。

2.2.1 M 字刘海儿

工具: BJD长刘海儿假发、BJD头台、造型工具。

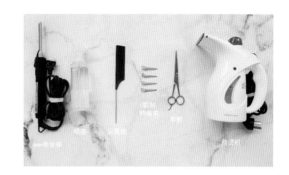

01 从头顶刘海儿扇形分散的地方开始分区，分出刘海儿区，将不需要修剪的发丝用铝制鸭嘴夹夹在耳后。

02 将刘海儿区的发丝等分成上下两份，头顶的那份用铝制鸭嘴夹夹起来备用。

03 以打薄的手法上下滑动平剪修剪下层发丝，眼睛两边和眉间的发丝较长，眼珠位置的发丝较短。不追求一次性修剪到位，无法确定长度时可适当留长。

04 修剪完一次之后再补充修剪，此步骤可反复进行，直至修剪出满意的长度。

05 放下头顶夹住的顶层刘海儿，并重复第一层的修剪手法。

06 用手指整理刘海儿和鬓角的发丝，模拟修剪并挂烫后的成品效果。根据需要适当增减刘海儿区域的发量，并反复修剪调整。

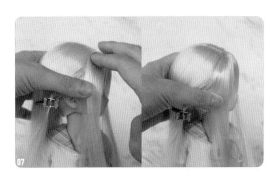

07 将鬓角的发丝向两边拨，确定需要挂烫的位置。以刚好不透头顶发网、鬓角位置贴近耳朵为最佳。

08 用尖尾梳辅助，挂烫两侧鬓角的发丝，在发丝冷却之前用尖尾梳固定位置，然后等温度降下来。

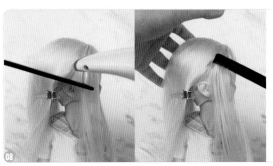

09 取下铝制鸭嘴夹并梳顺所有发丝。

10 挂烫刘海儿靠近发网的部分，以及左右耳朵的部分，使假发服帖。挂烫刘海儿时不要贴得太紧，挂烫完之后用梳子固定形状直至冷却定型。

11 最后整理造型至满意即可。

2.2.2 齐刘海儿

工具：BJD 长刘海儿假发、BJD 头台、造型工具。

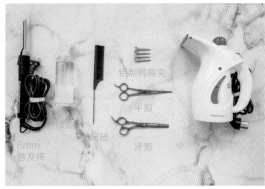

01 从头顶刘海儿扇形分散的地方开始分区，分出三角刘海儿区，将不需要修剪的假发用铝制鸭嘴夹夹在耳后。

02 将刘海儿梳理整齐抓在手中，用平剪从娃娃鼻梁中间位置将刘海儿剪齐，此段长度需要考虑后续烫内扣的长度，宁长勿短。

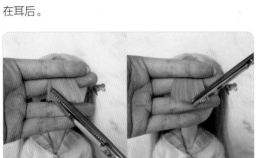

03 用去发量 10%~15% 的牙剪对刘海儿进行打薄处理。打薄时不要平着下刀，稍微倾斜刀口，这样的打薄效果会更自然。此步骤也可放到最后整理的时候进行。

04 用喷壶将刘海儿打湿，准备做出刘海儿弧度。

05 一只手拿着尖尾梳，用尖尾一头将刘海儿挑起，另一只手用 6mm 卷发棒将刘海儿夹住往脸的方向内扣烫卷，烫完后趁发丝还有余温可用称手的工具维持刘海儿弧度进行塑型。

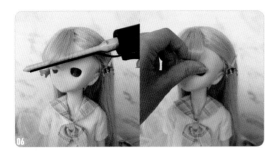

06 将两侧的刘海儿往脸的方向烫并趁热用手塑型，塑造出正面圆润的刘海儿效果。

07 用挂烫机或卷发棒的顶端重新加热刘海儿扇形区域的起点位置，调整刘海儿的厚薄；加热发丝后往耳朵的方向梳理定型，此操作可使刘海儿分布得更均匀、更轻薄。

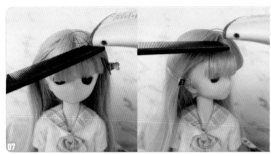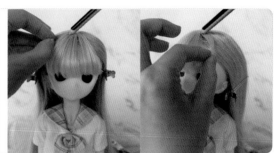

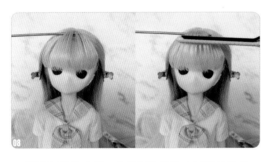

08 用尖尾梳的尖尾一头将刘海儿的表层发丝挑起，另一只手将6mm卷发棒压在假发上，双手配合慢慢往下拉烫。顺序为尖尾梳在底部向上用力，发丝在中间，卷发棒在最前面、最上层向下用力。此操作是为了将表层发丝烫出弧度，同时让底层发丝不变形。

09 将假发左右两侧分别挂烫，使假发服帖，挂烫完之后用梳子固定形状直至冷却定型。

10 用6mm卷发棒做细节调整，可有效遮盖漏发网等假发瑕疵。

11 用梳子整理造型直至满意即可。

2.2.3 中分头皮仿刘海儿

工具：BJD 中分假发、BJD 头台、造型工具。

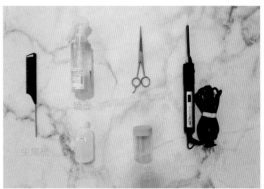

01 在仿真头皮转折处按照图中的分界线分出一股发丝，并将此股发丝向后紧紧拉直，用卷发棒加热发根处。此步骤是为了让发丝贴紧仿真头皮，上胶后前额造型不易倒塌。

02 沿着中分线两边进行相同的操作，用多个铝制鸭嘴夹牢牢夹住。

03 用牙签蘸取适量造型胶涂抹在发际线处的发丝上，涂胶的宽度取决于成品的前额需要拱起的高度，发际线里面的发丝也要涂到，反复涂抹几次胶水。

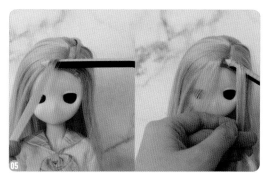

04 涂完后用牙签轻轻戳几遍涂好的部分，帮助胶水渗透进里层发丝中，这样胶水干透后造型更稳固。涂好后自然风干或用吹风机的低温档吹干。

05 待胶水干透后取下铝制鸭嘴夹开始烫刘海儿。将前额发丝翻下来用 6mm 卷发棒加热发根处，加热后需要用手压住发束转折处等待冷却定型。

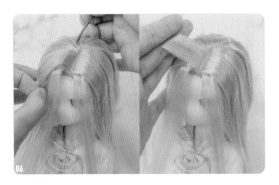

06 用尖尾梳挑起一边的顶层发丝，发量以拿起来刚刚透出手指的颜色为最佳，宁少勿多。

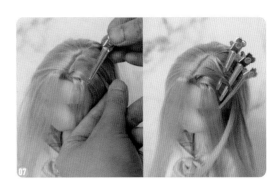

07 将挑起来的一层发丝反向夹在头顶的另一边备用，一共需要挑 3~4 层。

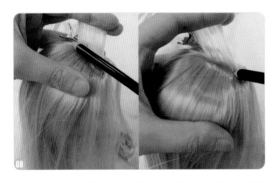

08 取一层夹住的发丝开始烫，烫的时候尽量向发根靠近并施压，靠近上胶区域的地方可用卷发棒顶端的小尖角伸进去加热发根。

09 处理完发根后，将发根上面一点的发丝压在卷发棒上加热 2~3 秒，取下卷发棒开始塑型。塑型时用手指将烫过的发排轻轻向头顶方向推，等待冷却，这样定型处理的头顶会很蓬松。

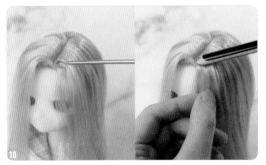

10 烫完后，假发前额如有无法衔接的部分，可用卷发棒顶端对发丝转折处进行加热，然后用手指塑型，待发丝冷却后才可放开定型。

11 将刘海儿部分梳理通顺，准备修剪。

12 分出如图所示的发量准备修剪，其余发丝用铝制鸭嘴夹固定在耳后。

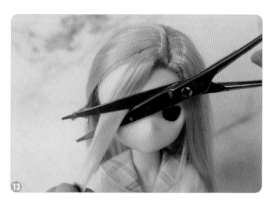

13 使用平剪顺着发丝的方向用打薄的手法修剪刘海儿。

14 将剪好的刘海儿平分成上下两层，先将上层刘海儿用鸭嘴夹固定在头顶。

15 用喷壶在距离头模 15cm 左右的距离将下层刘海儿喷成半湿状态。

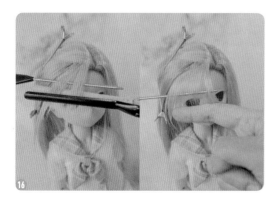

16 将一只手用尖尾梳的尖尾一头挑起刘海儿，另一只手用 6mm 卷发棒将刘海儿夹住往脸的方向内扣烫卷，烫完后趁发丝还有余温可用称手的工具维持刘海儿的弧度进行塑型。

17 用卷发棒的尖头加热如上图所示的两个地方，可以改变刘海儿的走向，反复调整到满意后用手按住刘海儿等待冷却定型。

18 放下顶层刘海儿，同底层刘海儿一样进行操作，然后用平剪修剪过长的发丝并且对不满意的弧度进行重新加热塑型。

19 使用同样的方法处理另一侧刘海儿。如果是偏分，则发缝更靠近耳朵的一侧要少取一些发丝做刘海儿，使左右发量平衡。

20 全部处理好后，将鸭嘴夹全部取下并梳理假发，如有需求可适量喷一点发胶定型。

2.3 基础烫发手法

　　烫发主要指运用夹板、卷发棒和挂烫机等造型工具配合相应手法对假发进行基础加工造型，下面讲解内扣、反翘和挂烫的手法。

2.3.1　内扣

　　假发内扣指刘海儿、部分发梢或发尾部分向脸的方向弯曲成一定的弧度，内扣程度根据假发长度和造型需求而定。

　　卷发棒粗细和工具辅助决定了内扣造型的差异。此节主要讲解内扣的基础手法和用不同尺寸的卷发棒做出的基础内扣效果。

准备一顶带刘海儿的假发发坯，下列图中的假发用于演示手法，暂不做修剪。然后需要准备卷发棒、梳子和喷瓶护理液。

用喷瓶护理液喷湿要烫的部位，喷湿是为了防止高温后产生静电，以及防止高温对发丝造成损坏，起到塑型的作用。

下面分别介绍使用 16mm、13mm、9mm、6mm 卷发棒、直板夹和鸭嘴夹制作内扣的效果差异。

16mm 卷发棒

适用范围：烫长刘海儿、长发尾和做大卷等。

操作方法：①喷水，将卷发棒的温度调整至最低（右图中卷发棒的最低温度为 140℃）夹住发片中上位置轻缓向下拉。

②拉至发尾后，适度向内转动卷发棒，停留一两秒后抽出卷发棒，如果感觉一次效果不好需重新喷湿，重复以上操作即可。

弧度效果对比三视图：内扣弧度比较大，具体适用度可根据造型需求和经验决定。

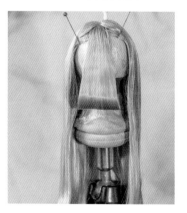

适用尺寸：BJD 三分、叔叔尺寸的基础发尾内扣。

13mm 卷发棒

适用范围：烫中、长刘海儿和中、长、较短发尾，以及做大卷等，适用范围较广。

操作方法：喷水，操作方法同 16mm 卷发棒。

弧度效果对比三视图：内扣弧度稍小。

适用尺寸：BJD 三分、叔叔、四分尺寸的基础内扣刘海儿、发尾等。

9mm 卷发棒

适用范围：烫较精细的刘海儿、长发尾和做波浪卷等。

操作方法：烫发前需要喷水。此型号卷发棒烫较硬发质时容易弹开，需要调高一档温度或用两只手辅助夹住发丝。调高温度的同时喷水量应增加少许。

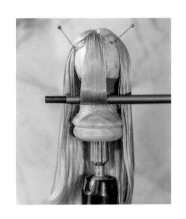

弧度效果对比三视图：内扣弧度更小。

  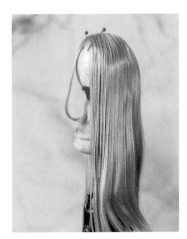

适用尺寸：BJD 三分、叔叔、四分、六分尺寸的基础刘海儿内扣，精致度更高，更适用于较小尺寸的基础发梢、内扣发尾。

6mm 卷发棒

适用范围：这是最适合 BJD 尺寸的卷发棒，可以用来烫精细的刘海儿、做短发造型和做小卷等。

操作方法：根据实际情况增加温度和喷水量。

弧度效果对比三视图：内扣弧度比用 9mm 卷发棒做出来的更小，更适用于做较短刘海儿的内扣。

适用尺寸：全尺寸通用。

直板夹

适用范围：选择最小温度不可调整、最基础配置的款式，烫内扣造型时可根据情况增加工具辅助。

操作方法：用直板夹烫内扣比较简单，自由度更高。从中部夹住拉至尾部，一边拉一边转动手腕配合内扣，会得到比较"宽阔"的内扣造型，尾部也可以根据造型需求，夹住往里弯曲、停留做内扣。

弧度效果对比三视图：弧度较"宽"，适合做脸颊两侧的内扣造型，部分长刘海儿造型也适用。

适用尺寸：全尺寸通用。

长发鸭嘴夹

适用范围：在卷发棒不够多又需要制作较弯的内扣时，需要一个这样的夹子，形状要求夹子整体笔直即可。

操作方法：先用直板夹烫一遍，然后趁热用长发鸭嘴夹夹住尾部停留，等待冷却。

2.3.2 反翘

假发反翘即刘海儿、部分发梢或发尾部分向外弯曲一定弧度，反翘程度根据假发长度和造型需求确定。

卷发棒粗细和工具辅助决定了内扣造型的差异。做反翘和内扣使用的工具相差不大，此处仅讲解基础反翘手法。

01 准备一顶无精修的假发发坯，右图中的假发用于演示手法，暂不做修剪。然后需要准备卷发棒、梳子、喷瓶护理液。

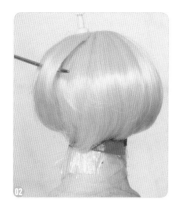

02 挑出一小部分想做出反翘效果的发丝。

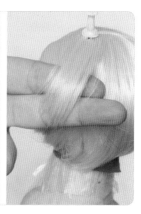

03 用剪刀做上下刷发的动作修剪假发的长度，会得到一片长短适中、发
　　尾自然的发片。

04 将护理液少量地喷在修剪好的部分。

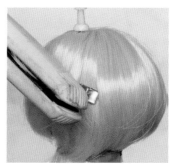

●方法 1

　　用卷发棒夹住发片，从上往
下卷烫。

用手指或鸭嘴夹夹住发片，辅助定型。

● 方法 2

将卷发棒的圆柱部分朝下，动作不变，由上往下卷烫。

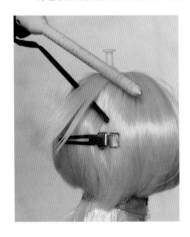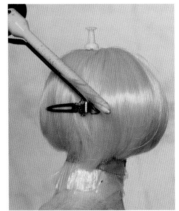

使用卷发棒能更好地控制角
度，烫出更自然的反翘造型，也
可以根据需求烫出其他弧度的反
翘造型。

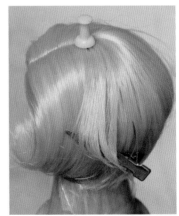

●方法3

卷发棒绿色圆柱体在下，手法力度不变，得到一个自带小分叉的反翘造型。

 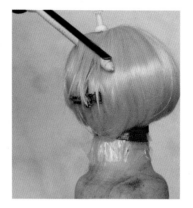 

以上是反翘的基本方法，大家可以根据学习经验和需求进行精细造型。反翘可以用在假发的很多部分，可以根据使用不同的卷发棒工具达到不同的效果。

2.3.3 挂烫

准备一顶原始状态的发坯。查看发坯的状态，简单梳理，处理打结处。

● 方法 1

　　将梳子插入需要挂烫的发丝中，挂烫机在梳子上端，保持距离，避开手部位置，梳子和挂烫机一前一后往下梳慢慢梳理。低温丝假发需要挂烫机保持远距离或尽量不用挂烫机。

● 方法 2

　　反插梳子近距离挂烫，注意确保假发和梳子是耐高温的，不能长时间停留。

● 方法 3

　　斜插梳子，这样对弯曲比较严重的发丝有很好的梳直效果，梳子需要选择耐高温材质的。

长发挂烫前后效果对比。

短发也使用同样的方法。发丝较短，有一定弹性，需要用密齿梳固定，反复操作即可。

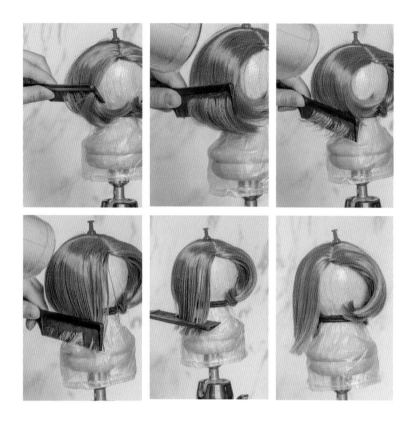

短发烫完后发尾容易反翘，如果想要收进去，则用小夹子夹住发丝，摆好弧度、固定形状，用挂烫机定喷，保持动作直至冷却即可。

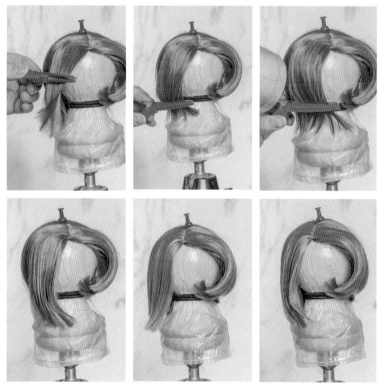

这种方法也适用于短发精准造型。

 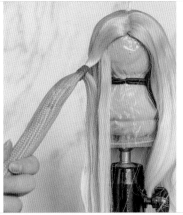 

01 将适量发丝梳理整齐，套进卷发套，整理好形状。

 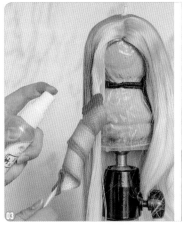 

02 用挂烫机定扫，适度转动发丝，确保都能扫到。注意手部不要被烫到。

03 待冷却后喷少量水或护理液，保证发丝不会因为干燥产生静电、毛躁，然后小心地抽出卷发套。

04 之后可以根据需求进一步调整假发尾部的细节。卷发套有很多款式，大家可以根据自身需求进行选择。

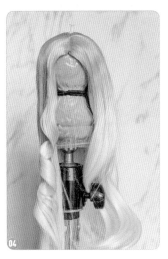

基础卷发手法

卷发的方法有很多种，真人发丝的卷发方法无法完全适用于所有的假发材质，此处仅列举几款 BJD 适用的基础卷发手法。

2.4.1 波浪卷

01 将假发梳顺，喷适量水有利于定型。

02 用鸭嘴夹或橡皮筋将假发分区并固定。

03 取出一缕发丝，量不要太多，平放在卷发棒上，用手捏住。

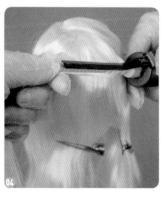

04 将捏住的发丝贴紧卷发棒，手腕向内旋转，使其绕在卷发棒上。

05 绕完以后将这缕发丝向外下拉，并重复上述操作。

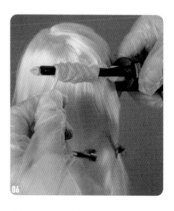

06 一直绕到这缕发丝只剩发尾，用手捏住保持 15~25 秒，可根据发丝的软硬度和可承受的温度决定。

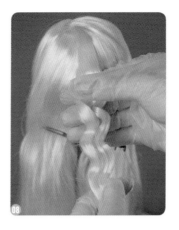

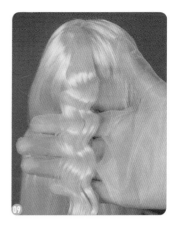

07 放下后的效果如上图所示，期间需要静置冷却。

08 用手拉开，切记不要用密齿梳子梳。

09 拉开后的效果如上图所示。如果发丝过软，可用定型喷雾定型。

2.4.2　罗马卷

01 将假发梳顺后，先取出一缕发丝。

02 将这缕发丝喷湿后，然后用手将其夹住、拉直。

03 将这缕发丝平放在卷发棒上。

04 将这缕发丝平着绕在卷发棒上。

05 注意要将这缕发丝平摊在卷发棒上，使其不要扭转。

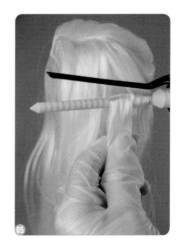

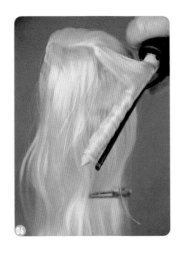

06 全部缠绕完后静置12~25秒，可根据发丝的软硬度调节。

07 放下后的效果如左图所示，如果发丝太软可喷定型喷雾。

2.4.3 纹理卷

01 将假发修剪到想要的长度并喷少量水。

02 用卷发棒夹住假发往想要的角度旋转。

03 想要前短后长的效果就倾斜卷发棒。

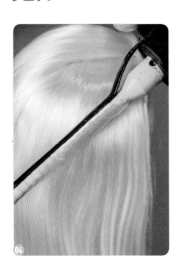

04 卷完后静置5~10秒，然后放下。

05 如果想使烫过的假发更贴近下层，则可用卷发棒夹住假发弯曲的部分内扣。如果想要得到类似反翘的效果，则可忽略以下步骤。

06 内扣完成后的效果如左图所示，这样可以更好地和下层假发衔接。

07 最终效果如左图所示，最后可用定型喷雾定型。

2.5 渐变色的基础做法

渐变色制作的材料和方法众多，效果各有不同，考虑到 BJD 娃娃的特殊性，部分方法有染色风险。这里列举两例针对 BJD 而言相对安全的渐变色的基础做法。

2.5.1 贴发排法

工具：BJD假发、接发发排、造型工具。

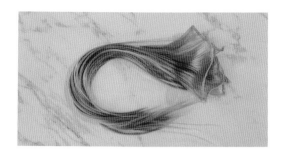

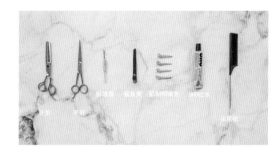

01 将不需要改色的假发用鲨鱼夹和铝制鸭嘴夹固定在头顶。

02 用拆线器将需要改色的发排拆下，本次做脑后渐变，所以取下的发排位置不包含鬓角。需要做鬓角渐变时可多拆两层发排。

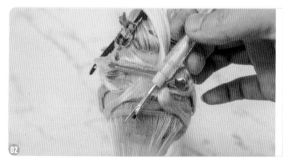

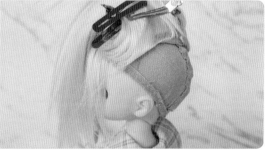

03 在发网上确定需要粘贴发排的位置和宽度。

04 横向涂一圈UHU胶，将发排粘贴在刚刚确定好的位置上，然后用梳子或其他顺手的工具稍加固定，等待UHU胶干透。

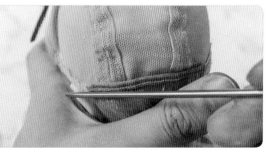

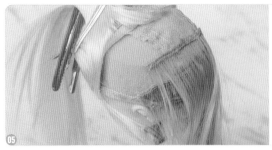

05 后续 n 层重复上述贴发操作。如有不够长的发排可另剪一段发排进行拼贴。

06 贴好后如左图所示，后续将头顶的假发放下准备修剪。

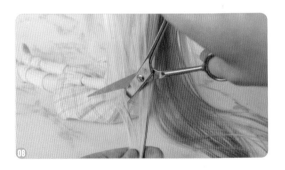

07 修剪时先取一缕上层的原色发料，然后取一股接发发排的发料拿在手中。

08 用平剪以打薄的手法修剪接发发排，长度比原色发料的长度稍长一些，这样修剪完成后才可形成渐变效果。

09 接发发排全部剪短后用牙剪打薄。

10 用牙剪打薄上层原色发排，使之和接发发排的颜色融合得更自然。

2.5.2　浅发染深色渐变

工具：BJD 假发、染发工具。

01 在不锈钢盆内加入 500mL 热水，水温为 70℃ ~ 80℃。

02 根据说明书酌量加入染料。染料应选购 ABS 键帽染色剂或环保分散染料，粉状或液体均可。加入染料后用搅拌棒搅拌至均匀无颗粒。

03 戴上一次性手套，先剪一小缕发丝试验染发效果，并根据情况增减染料和热水，调出满意的颜色。

04 用弹力线绑在需要染渐变色的地方并将弹力线以下的发料用清水打湿。用弹力线绑住发根方便我们在染发时观察发丝的渐变情况，这样也可以让发丝在染发过程中更聚拢、更好控制。

小贴士

此处最好使用纤维材料的发绳，弹力线或表面由纤维编织的皮筋均可，但不可使用塑料橡皮筋，否则会有被热水烫断的风险。用清水提前打湿可以避免染出的颜色不均匀。

05 用手拿住弹力线上方的位置将发丝放入染料中进行上色，每浸泡 3~5 秒就要提起来看看颜色深浅。重复此步骤直到获得满意的染色效果为止。

06 在染发过程中，放进热水的发料长度要一次比一次长，不要一次性放进全部发料，这样才会让渐变处过渡得更自然。

07 用清水洗净残余染料，解下弹力线准备吹干。

08 使用吹风机的低温档配合梳子吹干假发。

2.6 拼接与拼色

拼接主要运用于替换长短发排达到短接长、补发等效果，拼色可直接在拼接的基础上换色，两者合起来灵活运用可以实现用假发较难实现的特殊款式发型。

2.6.1 拼接

在造型过程中，长发改短发只需要修剪，而短发改长发，需要用到拼接的方法。拼接可以选择针线缝合或用热熔胶 /UHU 胶粘发排。

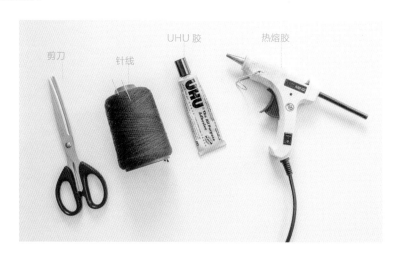

长发造型也可以进行拼接，达到挂耳染、刘海儿染、挑染的效果。

01 选择一顶短发，如果想要增加发尾的长度，做出狼尾造型，就可以使用此方法。

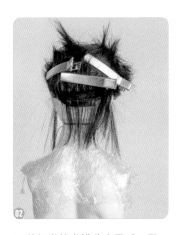

02 将假发的发排分出最后一层，多余假发用夹子分段固定。

03 在最后一层发排的上方空隙处缝一排发排，或者将短发拆掉之后，在发排原来的位置缝长发排。

04 按照需要，确定长发排的数量。若发排发量充足，缝 2~3 排即可；若发排发量稀疏，缝 4~5 排即可。

05 放下短发就可以看出拼接长发的效果，之后就可以进行下一步狼尾造型的修剪了。

06 可以根据需要换不同颜色的长发排进行拼接。银色发排的拼接效果如上图所示。

2.6.2　拼色

　　拼色是指使用不同颜色的发排拼出异色的效果，可以达到挂耳染、刘海儿染和挑染等效果，本节只做效果图，在后续案例章节中详细讲解拼色的方法和技巧。

挂耳染：拼色范围是从左鬓角到后脑再到右鬓角，大概需要2~3层发排，可根据需要酌情加减发量。

刘海儿染：拼色范围从左鬓角到额头再到右鬓角，可根据需要酌情加减发量。

挑染：拼色范围随意，可在任意想要的地方补异色发排，补一层发排即可达到挑染的效果。

2.7 手钩美人尖

01 将网纱固定在半头模上，注意拉紧，不要有太大的弹性。此处为方便拍摄垫了白纸。

02 对折发丝，左手执发丝，右手执钩针。

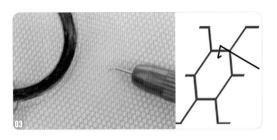

03 将钩针弯头的前半段穿过一根网格线。

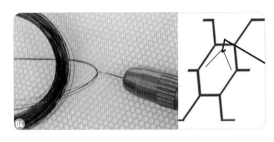

04 左手将适量的几根发丝挂在钩针的倒钩上。

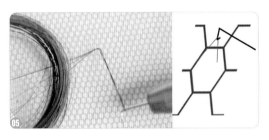

05 将钩针原路退回，带着钩住的发丝穿过网格线。

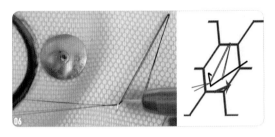

06 带着原发丝绕过网格线，再次钩住一节发丝。

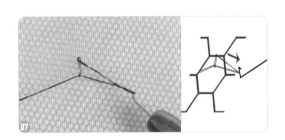

07 将第二节钩住的发丝穿过第一节发丝的对折孔。

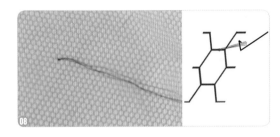

08 顺势拉出所有发丝，形成一个小结，拉紧小结，完成。

以上是手钩美人尖的基础——手钩单结扣的手法。另外，还有双结扣手法，这里不做演示，有兴趣的读者可以自行了解，手钩美人尖需要进行多次反复练习，因为这种动作较伤眼、伤腰，所以大家切忌长时间久坐、久视。

01 将假发整体梳顺。

02 用剪刀剪掉不需要的部分。

03 将假发喷湿，方便修剪。

04 将假发分层并用橡皮筋固定。

05 拿出一缕发丝，用牙剪斜着剪出层次。

06 将发丝垂直，用牙剪竖着修剪多余的碎发。

07 如果需要打薄，则可以用牙剪斜着从中间去量，修剪的次数越多，去除的发量越多。

08 想要过渡得自然，发尾也需要适当打薄。

第 3 章

三次元现代风男款造型

少年鲻鱼头造型 | 狼系明星造型 | 韩式纹理短发造型 | 成熟背头造型

帅气中长扎发造型 | 攻气狼尾造型

鲻鱼头的特征是由前往后假发逐渐变长，带有长短纹理，发尾有反翘，类似狼尾。鲻鱼头也可以根据不同的审美做出很多款造型。用真人发丝和不同的仿假发材质发丝做出来的鲻鱼头造型效果会有些许差别。

准备一顶中分短发发坯，带五官的头模，方便判断位置。工具包含鸭嘴夹、热熔胶、尖尾梳、牙剪、平剪、6mm或9mm卷发棒、造型胶、定型喷雾。

01 拆掉后脑勺上最后两层发排，换上较长的同色新发排。用热熔胶沿着新发排根部均匀涂抹，将新发贴到后脑勺上，可以在原来的基础上多贴一层。

02 贴好后根据需求修剪长度。

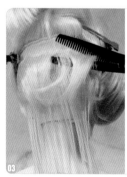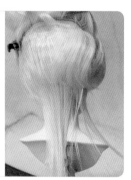

03 逐层修剪，打薄发根，修剪发丝长度。

04 修剪出如左图所示的效果，每层保持适当的长度。

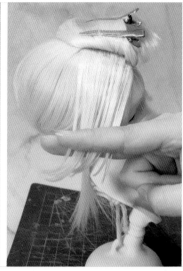

05 剩余头皮层的发丝不做打薄修剪，分出一层薄薄的发丝，使用卷发棒贴着头皮做发根烫。

06 烫一层修剪一次长度，不要一次性修剪得过短。重复以上操作，烫完整个头皮层的发丝。

07 另一边进行同样的操作，得到初步修剪后的雏形。此时头皮层的效果变得立体，如左图所示。

08 分出前额头皮部分的发丝，用卷发棒烫出大概的弧度。

09 在前额头皮部分涂上造型胶，静置晾干。

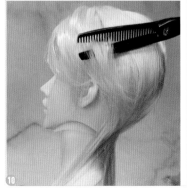 

10 分别熨烫、修剪两边的刘海儿，根据审美需求进行修剪、调整，这里没有固定的做法。

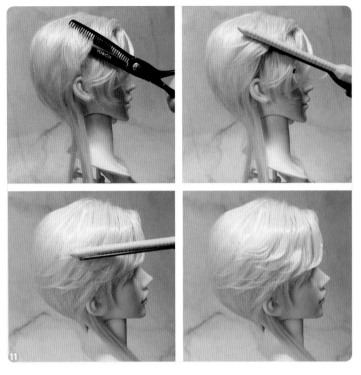

11 侧面用牙剪适量打薄发排，
使用卷发棒逐层烫出反翘纹理。
12 分出耳发部分，用卷发棒烫
至服帖，温度不用太高。

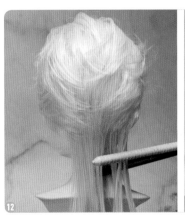
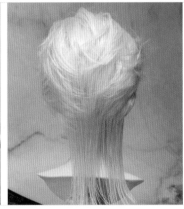
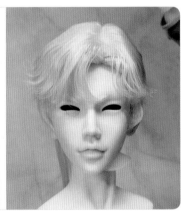

13 发尾拉、烫出带有自然弧度的反翘效果，完成后在距离娃头 20cm 以
上的位置喷定型喷雾即可。

3.2 狼系明星造型

准备弹力线、尖尾梳、平剪、牙剪、鸭嘴夹、拆线刀、竹签、6mm 和 13mm 卷发棒、UHU 胶、造型胶、定型喷雾。

01 将手钩美人尖部分单独分区，夹起来备用。

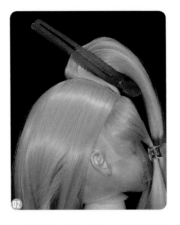

02 分出仿真头皮层，将发料夹起来备用。

03 在发料比较厚的地方取一圈发排，用拆线刀拆下来备用。

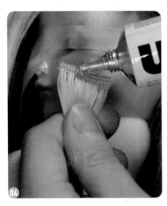

04 将发排涂 UHU 胶塞进发套内粘贴，此部分是用来做小辫子的。

05 加热转折处使其服帖。

06 把贴好的发料编成小辫子，用弹力线捆紧备用。

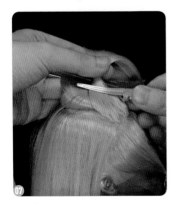

07 从仿真头皮层以下部分开始，每 2~3 层为一组，将发料分区夹起来直至最后两层。

08 如果毛坯底层的发排不服帖，则可用卷发棒将发根先烫服帖。

09 发尾向外卷烫底层，两侧对称，重复此步骤直至仿真头皮层。中途如觉得发量过多则可用牙剪适度打薄。

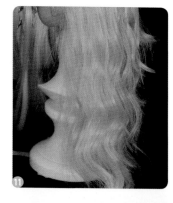

10 用平剪将发尾以打薄的手法剪短、修细。

11 所有发排处理完之后的效果如左图所示。

12 将发料修出层次，注意每层都比下层短，做出上短下长的层次感。剪出不规则的细碎小股发丝准备烫翘，此步骤是为了给造型增加层次和细节。

13 喷水，用卷发棒烫翘细节发丝。

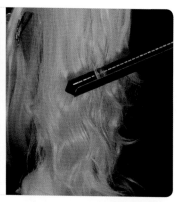

14 每两排为一组，掀起来在发套上涂 UHU 胶并粘贴。

15 全部贴完的效果如上图所示。

16 喷造型胶做一次定型。

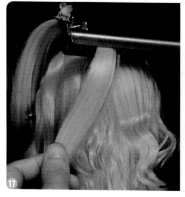

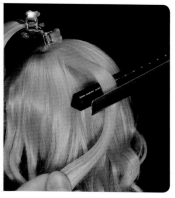

17 将仿真头皮层的发料分成上下两层，先做下层。用如左图所示的手法将一股发料加热做出内扣造型，注意发尾朝向相邻的耳朵方向。

18 往内扣的反方向卷烫发尾，注意此时要控制好内扣的方向，不要让烫好的内扣乱转。烫好后剪掉多余的发丝，留一个反翘发尾即可。

19 喷水，将反翘发尾烫得更卷。

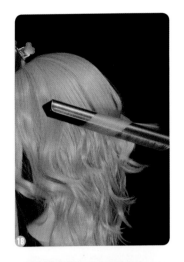
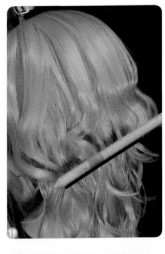

20 处理好下层仿真头皮层的造型后，先将上层发丝放下来，然后把手钩美人尖部分翻上去，用竹签或尖尾梳尾端蘸取造型胶涂抹在手钩美人尖部分。涂抹的造型胶不能超过发套边缘，注意要涂透，可用竹签轻刮上胶部分，帮助造型胶渗透。

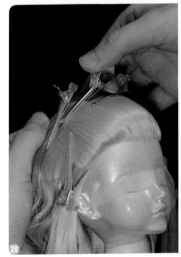
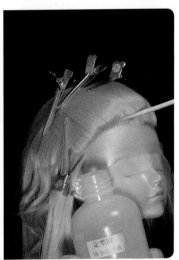

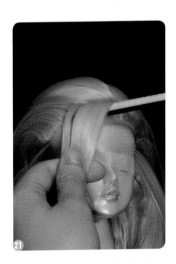

21 待造型胶干透后，将手钩美人尖部分翻下来，烫出刘海儿区域。

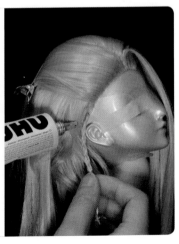

22 将之前留的小辫子发尾剪短，在发网上涂适量 UHU 胶，然后贴上小辫子。小辫子应顺着耳朵的形状粘贴，以保证贴完后从正面能看到小辫子。

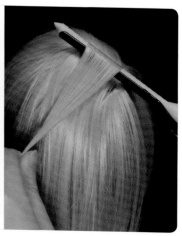

23 处理头顶的发料，此时只剩余仿真头皮上层的发料没有处理，此层也是顶层。从顶层发丝中挑出一层薄薄的发料，用手指夹住翻到反方向，用6mm卷发棒烫发根处，此步骤可将发根烫得立起来。然后将抓住的发丝翻回加热，烫出蓬松的头顶。此步骤重复3~4层，两边头缝的处理方法一样。

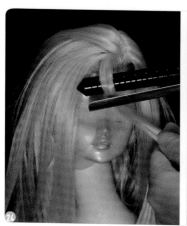

24 取一股刘海儿烫内扣，然后反向烫出波浪，接着修剪发尾。

25 剩下的头顶和刘海儿部分重复步骤18~20的操作，全部卷烫完后用6mm卷发棒塑造细节和反翘，然后喷水整理造型，最后喷上定型喷雾完成造型。

视频

视频

视频

首先佩戴好毛坯，准备橡皮筋、尖尾梳、牙剪、修眉刀片、6mm或9mm卷发棒、造型胶、定型喷雾。

01 将头顶的假发用橡皮筋扎起来，然后将底部的碎发用尖尾梳梳理顺滑，以防碎发夹在发网里。

02 用卷发棒向外烫出贴合后颈的弧度。

03 用卷发棒内扣烫出贴合后脑勺的弧度。

04 用修眉刀片沿着外耳边缘修出适合的长度。

05 用卷发棒将鬓角的假发烫出内扣的弧度，让鬓角的假发更贴合面部。

06 烫好后，用尖尾梳蘸取造型胶涂抹在刚烫好的鬓角的假发处。

07 用卷发棒内扣烫出贴合耳后的弧度。

08 取下橡皮筋，用尖尾梳区分开仿头皮和发排，然后分层。

09 用卷发棒烫最内层的假发，烫出一定高度，这样做是为了垫高头顶。

10 将卷发棒反过来，把翘起的假发烫下去。

11 全部烫好后，竖起牙剪进行打薄，切记要分层打薄。

12 用卷发棒分层烫出反翘效果，烫的时候卷发棒向后拉。

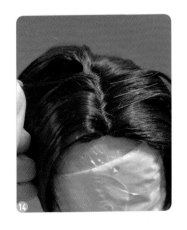

13 用尖尾梳分开最上层假发，卷发棒伸进去夹住上层假发向另一边推，这样是为了让头顶更有层次感，并且可以让头顶更饱满。

14 用尖尾梳在另一侧分出几缕假发，用卷发棒烫出弧度。

15 用尖尾梳蘸取造型胶分层涂抹，一次不要蘸取得太多，两边同理。

16 待造型胶差不多干透后，用卷发棒将翘起的刘海儿向下烫。

17 另一边同样分层烫出弧度。

18 用手提起刘海儿，然后用牙剪打薄并修出自己想要的长度。

19 扒开上层假发，用卷发棒分层烫出反翘效果。

20 用卷发棒连接刘海儿和上层假发，并烫出刘海儿的弧度。

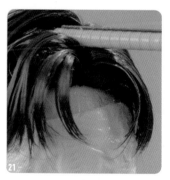

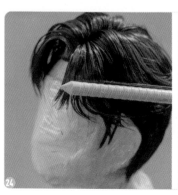

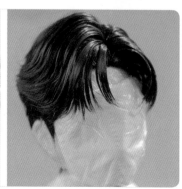

21 将卷发棒伸进上层假发中间，垫高中间部分的假发，这样也可以更好地区分层次。

22 将两边偏后的假发向内烫出弧度，连接中间与后边的假发。

23 同样将另一边假发垫高。

24 最后烫出刘海儿的弧度，并连接刘海儿与鬓角位置的假发。整理完后喷定型喷雾。

3.4 成熟背头造型

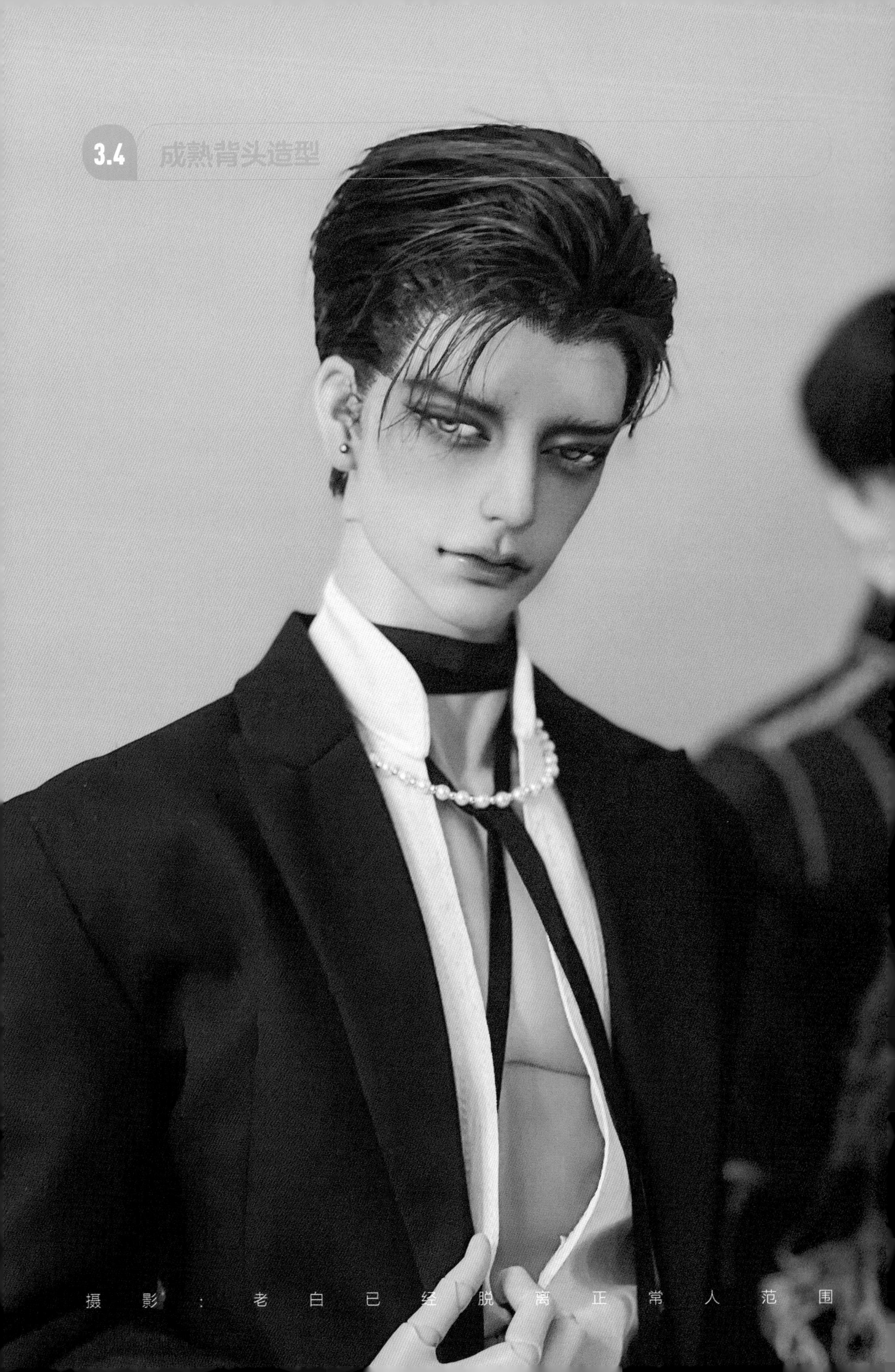

摄影：老白已经脱离正常人范围

佩戴好毛坯，准备橡皮筋、尖尾梳、牙剪、修眉刀片、6mm 或 9mm 卷发棒、定型喷雾，将假发从耳后根据耳中部位分为三份。

01 将最下层修剪到适合的长度。

02 用修眉刀片修短，因为是全手钩毛坯，所以长度要比普通毛坯更短一些。

03 耳后需用牙剪打薄。

04 修剪好后的效果如上图所示，注意层次变化。

05 用卷发棒将耳后的假发烫到贴合。

06 用卷发棒将后面的假发烫出内扣效果。

07 将第二层假发放下。

08 修剪到大约两个指关节的长度。

09 耳后位置用修眉刀片修短。

10 后面同理，用卷发棒烫服帖。如果娃头的后脑勺较平，可适当用内扣垫出高度。

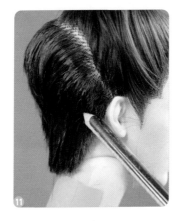

11 后面烫完之后的效果如上图所示。

12 将最上层假发分层，并将靠近耳朵区域的假发烫服帖。

13 将后面的假发内扣烫至贴合头皮。

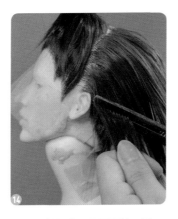

14 用牙剪打薄耳朵周围的区域。

15 后面的假发也同样用牙剪打薄，不要超出下层假发。

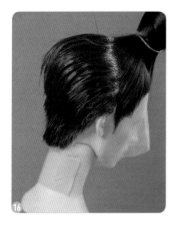

16 烫好后的效果如上图所示。

17 将鬓角位置的假发拉直，用卷发棒向后烫，烫好后再修剪。

18 全烫好后将造型胶涂抹在耳朵周围的假发上。

19 取出头顶周围的部分假发，进行修剪、打薄。

20 用卷发棒先拉直一小部分假发再折叠，和内扣手法差不多，但要做出折痕效果。

21 将头顶剩余部分的假发一分为二，对后面的那一层进行修剪、打薄。

22 同样用折叠的手法垫高头顶部分。

23 将后面的假发向后拉。

24 用梳子分区，左偏分还是右偏分可以根据自己的喜好决定。

25 将前面的假发一分为二，后面的一层要修剪、打薄后再向后烫。

26 如果向左偏就将刘海儿向左边烫。

27 留几撮假发作为刘海儿，修短后用卷发棒烫一下。

28 喷上定型喷雾，用手捏出刘海儿层次即可。

3.5 帅气中长扎发造型

佩戴好毛坯，准备橡皮筋、尖尾梳、牙剪、修眉刀片、6mm 或 9mm 卷发棒、造型胶、UHU 胶、定型喷雾。

01 将假发梳顺后从耳后分区扎起来，想要扎起来少量的，可以从耳上分区。

02 将下半部分假发分为 2~3 份，分别修剪、打薄。

03 如果下面的发量太多，则可以从根部去量。

04 修剪完后，用卷发棒将假发先内扣烫出贴合后脑勺的弧度。

05 注意耳后位置一定要服帖，烫好后用造型胶进行涂抹。

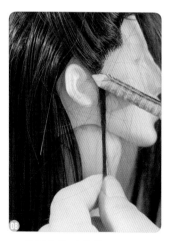

06 涂抹造型胶后的效果如上图所示，对下半部分的假发都要进行以上操作。

07 将上层假发用梳子挑出刘海儿部分，并用卷发棒向下烫。

08 将鬓角的碎发挑出，用卷发棒烫服帖后再修剪。

09 拿出一小撮假发用 UHU 胶粘贴在顶部。

10 用卷发棒将这一小撮假发的顶端烫出弧度，方便黏合。

11 将上半部分假发扎起来用橡皮筋固定，再用绑线缠绕固定，防止橡皮筋老化脱落。

12 将那一小撮假发固定好后，在发片顶端涂上 UHU 胶，并将其贴在固定好的假发上。

13 大概要绕两圈，不露出绑线即可，尾端再用 UHU 胶固定，并剪掉多余的部分。

14 如果有胶痕，则可以用解胶剂去除。

15 将提前预留好的刘海儿部分打薄，并用卷发棒内扣。

16 对前端刘海儿进行重复操作，也是内扣。

17 烫好后将尾部向下巴方向内扣。

3.6 攻气狼尾造型 视频

视频　　　　　视频

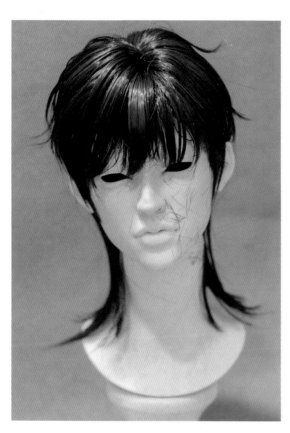 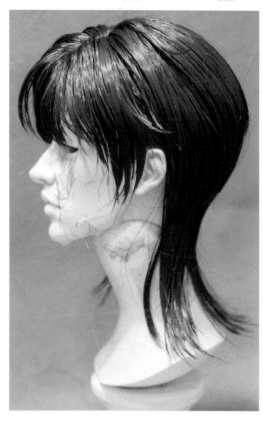

佩戴好毛坯，准备橡皮筋、尖尾梳、牙剪、修眉刀片、6mm 或 9mm 卷发棒、造型胶、定型喷雾，将假发从耳后一分为二。

01 将下半部分假发分层烫，先内扣烫出贴合耳后的弧度。

02 用卷发棒向外烫出贴合后颈的弧度。

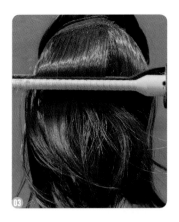

03 同理，后面的假发用卷发棒内扣烫出贴合后脑勺的弧度，再向外烫出贴合后颈的弧度。

04 用修眉刀片修出适合的长度，边缘偏短，后脑勺部分偏长。

05 用牙剪打薄耳后的假发，方便贴合，再用造型胶固定。

06 分出一层假发，再分出鬓角位置，用卷发棒内扣。

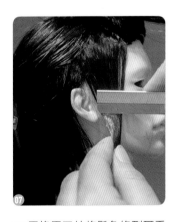

07 用修眉刀片将鬓角修到耳垂位置的长度。

08 放下一层假发，修剪到耳垂长度后用卷发棒内扣烫出弧度。

09 全部修剪、熨烫后的效果如上图所示。

10 后面的步骤都是重复上述操作，最后一层靠近面部的假发尽量用牙剪打薄、修剪，以防伤到娃头。

11 将最后一层假发修剪到鼻子中间位置即可。

12 将最上层假发放下，用牙剪向外倾斜修剪出弧度。

13 取出头皮位置 1/3 的发量，用手捏紧。

14 用卷发棒夹住这 1/3 的假发往前烫。

15 烫好后用卷发棒对边缘假发进行衔接、过渡。

16 将边缘鬓角部分烫出内扣效果，另一边同理。

17 用卷发棒夹住最上层头皮位置的假发，向上提拉熨烫。

18 将刘海儿烫出内扣效果，并衔接鬓角位置的假发，如果感觉太紧凑，可以用卷发棒烫出一点反翘效果。

三次元古风男款造型

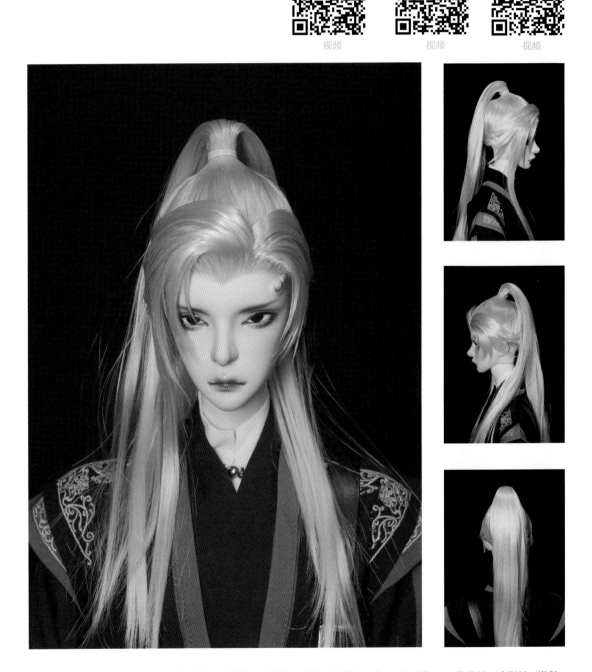

视频　　　　视频　　　　视频

佩戴好毛坯，准备弹力线、橡皮筋、鸭嘴夹、尖尾梳、平剪、拆线刀、6mm 和 13 mm 卷发棒、造型胶、发胶、UHU 胶。

 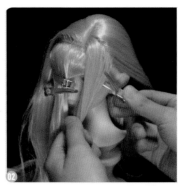 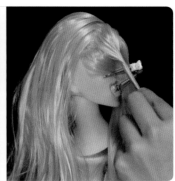

01 将手钩美人尖部分单独分区，夹起来备用。

02 分出刘海儿部分。

03 分出仿真头皮层的发丝，夹起来备用。

04 从侧面每排取出约1cm宽的发丝作为马尾打底层，取到耳朵后面停止，夹起来备用，两侧同理。

 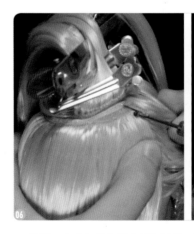

05 从仿真头皮层开始往下数两层发排，夹起来备用。

06 将剩下未分区的发排全部用拆线刀拆下来备用。

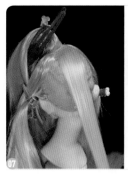 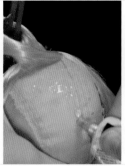 

07 放下仿真头皮层下面的两排发排，在发套上涂匀 UHU 胶并在中央粘贴一层发排，用作马尾打底。打底层的作用是遮住发套并且使最后的马尾成品发量适中。

  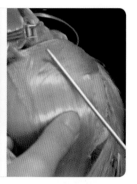

08 左右交叉粘贴发排，在马尾中心点汇合，并剪掉多余发料。如有飞毛则可用工具蘸取少量 UHU 胶，顺着之前粘贴的方向抚平碎发。

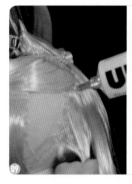 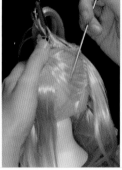 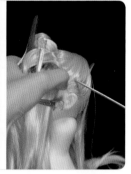

09 将步骤 04 夹起来的备用发料放下来重复打底操作，中途可用尖尾梳抚平发丝不均匀的地方，尽量遮盖住发套的颜色。

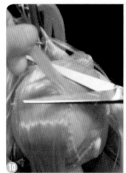  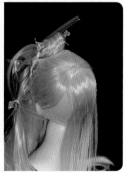

10 剪掉发尾并贴好翘起的发丝。

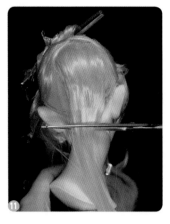

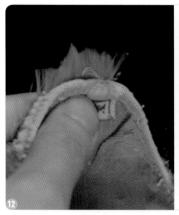

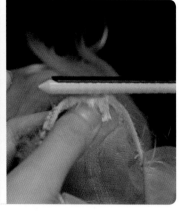

11 开始处理底端包边，在头套边缘往外 1cm 左右的部位剪掉之前贴好的竖向发排。

12 取下假发，用 6mm 卷发棒将发丝加热并向内弯折。

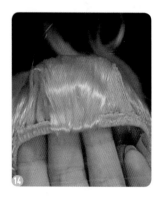

13 在发套边缘和内侧涂抹适量 UHU 胶并粘贴发排，贴完等胶水稍干可用卷发棒加热帮助定型。

14 包边效果如上图所示，边缘尽量不透出发套的颜色。

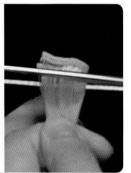

15 将之前拆下来的发排用于厚发排的制作。将单层发排对折粘贴，或者将两层发排重叠，剪掉带线的部分。

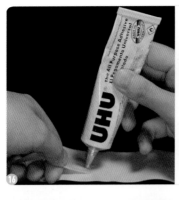

16 将发排摊平放在垫板上，在发排前端涂抹 1cm 宽的 UHU 胶。涂完 UHU 胶后可用尖尾梳或卡片等工具将 UHU 胶刮均匀，使 UHU 胶浸透发丝。待正面干透后撕下来，在反面再涂一次 UHU 胶，保证发排不散。发排厚度以放在手指上刚好不透肉色且厚薄均匀为佳。

17 将干透的发排前端修剪整齐，涂上 UHU 胶，塞进发套内，在内侧粘贴。

18 用卷发棒从外侧沿着边缘加热，使转折处的发丝服帖。

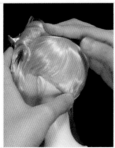
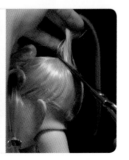

19 在发套上涂 UHU 胶，粘贴发丝并剪掉末尾，此步骤同马尾打底部分。

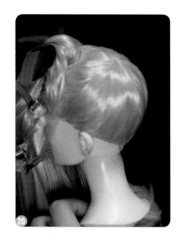

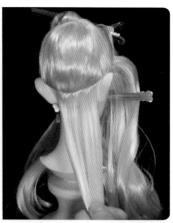

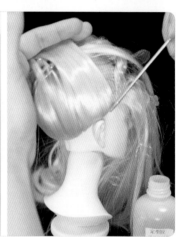

20 打底完成的效果如上图所示，此时如果微微透出发套的颜色属于正常现象。

21 开始外层包边，将涂 UHU 胶后的发排塞进发套内粘贴，但是注意从此步骤开始发尾不要剪，这里的发尾属于马尾部分。

22 把转折处加热，使其服帖。此时将造型胶涂抹在转折处的发丝上。造型胶干后不留痕迹，适合处理表层。涂抹时转折处的胶水多，马尾中心处的胶水少。

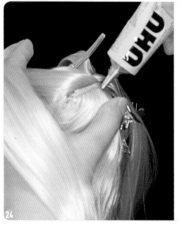

23 将仿真头皮层后端的假发剪掉一部分，防止扎马尾的时候发量太多导致鼓包。

24 在发排层涂抹 UHU 胶，将仿真头皮层的发丝贴上去，贴的方向尽量靠近扎起来的方向，贴好后用尖尾梳刮顺，最好多分几层，最后一层不贴，避免表面出现胶痕。

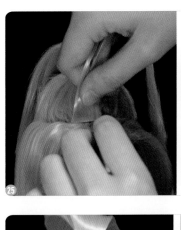 

25 在仿真头皮层两侧贴适量发排，遮挡刘海儿后方的空隙，此处的发排接口要稍微剪短一点，以保证贴完之后刘海儿能盖住接口处的胶痕。

26 用略粗的橡皮筋将干透的假发扎成马尾，最好用表面包布的橡皮筋，不要用小橡皮筋或表面裸露胶层的橡皮筋，否则在扎的过程中会因为摩擦力太大弄乱表层发丝。

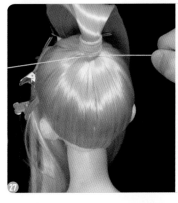 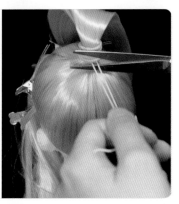

27 用弹力线缠绕接口几圈，拉紧之后打死结并剪掉多余线头。注意接口应在后脑勺的位置。

28 将橡皮筋小心地取下，注意不要带乱发丝。分层将马尾末端加热，形成马尾自然垂落的效果。

 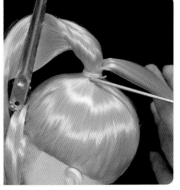

29 完成以上操作后重新分层，在每层中间部位涂满造型胶，外圈也绕着弹力线涂一圈造型胶，防止在把玩过程中马尾滑丝。

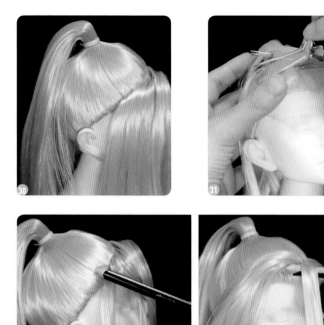
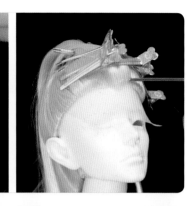

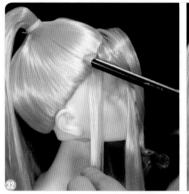
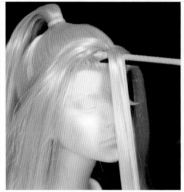
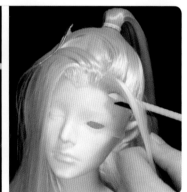

30 马尾全部处理好的样子。

31 马尾干透后将手钩美人尖部分梳上去并涂上 UHU 胶风干，只涂不超过发套边缘的位置。

32 干透后把手钩美人尖部分翻下来，用6mm卷发棒加热，使刘海儿定型。

33 将头顶仿真头皮层的发丝分层反烫，使头顶蓬松。

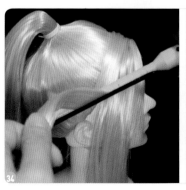
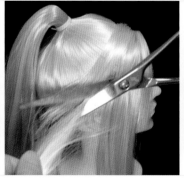
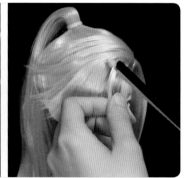

34 用 6mm 卷发棒卷烫刘海儿，定型后剪掉多余发丝。

35 掀开刘海儿在里侧涂适量 UHU 胶，注意不要让 UHU 胶渗透到表层，否则会影响成品的美观。两侧刘海儿进行同样的操作。

36 喷水卷烫发尾，整理造型并喷发胶定型。

4.2 富贵公子发髻造型

我做这款造型的初衷是想做稍微区别于常规的公子盘发造型，用了比较少见的半侧边刘海儿束发，大家也可以根据自己的审美进行修改。

准备带头皮的三尖（美人尖）毛坯、尖尾梳、造型胶、金属发扣、6mm 或 9mm 卷发棒、鸭嘴夹、平剪。

01 分出手钩三尖的部分，用鸭嘴夹夹住备用。

02 分出头顶带头皮部分的发丝和一两层发排，用鸭嘴夹夹住。

03 将剩余部分均匀薄涂一层造型胶。

04 将头顶部分的发丝扎成小马尾。

05 用尖尾梳分出前端手钩部分和侧面手钩部分的发丝。

06 将侧面手钩部分的发丝扎至马尾处，并涂上造型胶。

07 注意，这里要留出头顶部分带头皮的发丝。

08 找出前额手钩部分，涂造型胶固定。

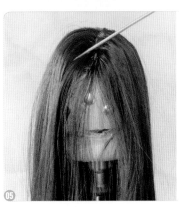

09 用尖尾梳横插马尾，按 1∶3
的比例分出上、下两束发丝。

10 上面那束发丝闲置暂时不用，
将下面的粗发束平均分为 3 股，
编成比较细密的鱼骨辫，长度能
够折成小股发髻即可。

11 整理上面的发束并扎上皮筋，
此处的皮筋位置和发髻上的皮筋
位置相同。

12 刷上造型胶，静置，晾干。

13 取同色绸带包裹皮筋位置。

14 取出前侧适量发丝绕发髻半圈，暂不固定，将剩余三尖部分的发丝比画一下位置之后用于缠绕发髻。

15 在头皮中缝和手钩三尖部分的连接处挑出一小缕发丝夹住备用，挑出头顶较粗的一束发丝，编3股辫。

16 挑出前额手钩部分较粗的一束发丝，编3股辫。

17 以此类推，交叉随机挑出发丝编3股辫，数量为3~5根即可。具体位置没有太严格的规定，合适即可。同时，在鬓尖位置挑出少量发丝备用。

18 将手钩三尖部分没有编辫子的剩余发丝梳理之后绕发髻一圈。

19 另一边梳理出适量的发丝编3股辫。

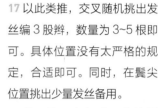

20 加上发扣装饰，绕发髻一圈。

21 将之前同样绕发髻的散发扎在一起。

22 将之前编好的辫子加上发扣，数量不用太多，错位摆放即可。

23 整理辫子并固定，加上发扣挡住皮筋，在辫子的皮筋部分也要加上发扣。

24 处理刘海儿部分，侧面对比长度并修剪，最初修剪的长度不宜过短。

25 用6mm卷发棒分层烫发根，每烫一层就修剪一层的长度。

26 保留一缕长发，对其余部分
进行修剪、熨烫。

27 修剪之前留出两缕发丝，长
度可根据自己的审美调整。

　　提到仙侠风，我个人的第一印象是白发、马尾、风格简洁大气。当然也有较为复杂的造型，这都是根据自身的审美去判断的。这里仅展示常见的简约款仙侠风师尊造型。

　　准备一顶白色三尖毛坯，用尖尾梳分出三尖部分，在头顶梳出两三层发排。工具包含尖尾梳、鸭嘴夹、橡皮筋、造型胶、6mm 或 9mm 卷发棒。

01 挑出美人尖部分，分出一层发丝。

02 将分出的发丝束在一起扎成马尾，刷造型胶。

03 将前区剩余部分的假发分为 3 个区的发束。

04 左右两边的发束各在底部鬓角分出一缕耳发，然后将剩余部分扎成马尾。

05 前区两边分出两条发丝较多的发束。

06 将两条发束在马尾附近交叉缠绕，同时涂造型胶避免滑丝。

07 将两条发束缠绕至后脑拉紧，并编 3 股辫固定发髻。

08 将之前分好的两边耳发同时编 3 股辫缠绕在马尾上。

09 缠绕的同时记得稍微调整一下造型，交叉在之前的 3 股辫上固定。

10 处理刘海儿部分，在前区美人尖两边分出两缕发丝。

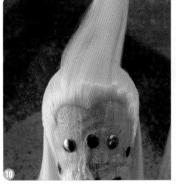

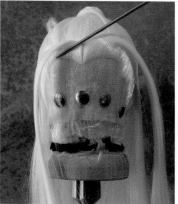

11 将中间区域对准美人尖部分的发丝均分，涂造型胶固定。

12 修剪两边刘海儿的长度。

13 根据需求熨烫刘海儿。

14 熨烫两缕发丝，并根据需求将其修剪到适合的长度。

15 为了不让马尾显得单调，可以在马尾上编两三根 3 股辫作为点缀。

4.4 龙须披发劲装造型

佩戴好毛坯，准备松紧绳、鸭嘴夹、尖尾梳、牙剪、平剪、6mm或9mm卷发棒、UHU胶、吹风机、定型喷雾。

01 将手钩部分分出来，用夹子夹住备用。

02 将后面的假发从下到上一层层烫直发根，并在根部打薄，在不秃的情况下削剪发量。

03 到了头顶仿真头皮层，将仿真头皮层的发丝均匀分为5份。

04 从左到右削掉第二份和第四份发丝。用卷发棒将发丝向后烫平整。

05 从底坯的边缘分出1cm宽的发丝，从左耳到头顶再到右耳。

06 将分出的发丝扎起来。低马尾的位置在耳朵和下巴的延长线上，大家也可以根据自己的喜好变换位置。

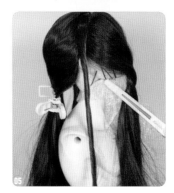

07 用卷发棒烫直发排根部，让假发更服帖。喷定型喷雾，吹干固定。

08 将手钩部分的发丝在两侧额角位置分为3份。用小风向后吹发丝，喷少量定型喷雾，吹干固定。

  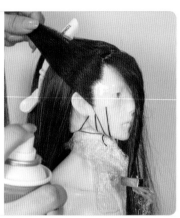

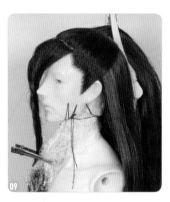 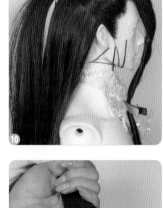 

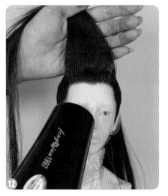 

09 另一侧做同样的处理。

10 待两边鬓角晾干后，在脑后扎一个低马尾，先不要系死结。

11 在确定马尾是在正中间的位置后，再系死结扎紧。

12 向后吹蓬松刘海儿。

13 用卷发棒轻烫发际线上弯曲的发丝，不要把所有的发丝都烫了，因为太过顺滑不易做出蓬松效果。

14 分出龙须的两缕假发后，将剩余的发丝都烫卷，待发丝冷却后梳开。

15 修剪出适当的长度。可先大致修剪，之后再精修。

16 烫一下假发在头顶拱起的位置。

17 将太卷的部分稍微加热拉直，做出比较平的卷。

18 将刘海儿分成上下两部分。对下半部分再次修剪一下长度，刚刚盖过马尾处的松紧绳即可。

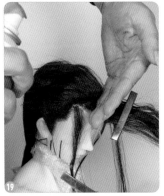 

19 用手挡住上半部分的假发，喷定型喷雾并固定。

20 在用吹风机小风吹干的同时，用尖尾梳压住过于凸起的部分。

21 将上半部分刘海儿放下，烫一下发际线的位置，再次把不服帖的发丝烫一下。

22 烫出额前拱起的弧度，这个位置要过渡出一个自然弧度，因此需要反复烫，直到达到理想效果。

23 用手压住发丝，让假发保持想要的弧度，喷发胶固定，用吹风机吹干。

24 用卷发棒将假发烫出内扣的效果。此时可以根据情况再次修剪发尾的长度。

25 可以用锥子或尖尾梳蘸取少量 UHU 胶，涂抹在刘海儿下方，固定刘海儿和假发主体，加固造型。

26 用珠针固定假发做出纹理，将过于凸起的地方压下去，喷少量发胶。

27 用吹风机吹干时，可以用尖尾梳或手动抚平碎发。

28 烫直龙须发丝。

29 将两缕假发卷在一起，平剪在发丝上上下滑动削剪，这样可以让两侧龙须的长度更相近。

30 在龙须上喷少量水，然后用卷发棒烫出自然贴脸的弧度。

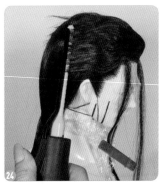
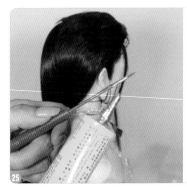
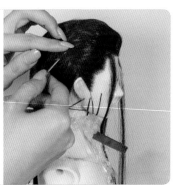

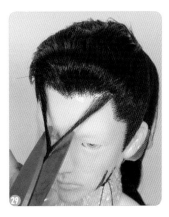

31 打薄后脑勺上的发丝，可以用2.1.2节"发梢打薄"中任意方法。

4.5 全盘发髻少爷造型 视频

视频　　　　视频

佩戴好毛坯，准备松紧绳、尖嘴夹、尖尾梳、珠针、牙剪、平剪、修眉刀片、6mm 或 9mm 卷发棒、吹风机、热熔胶枪、UHU 胶、电动推子、定型喷雾。

01 先将手钩部分的发丝分出来，用夹子固定备用。

02 在后边最下方的位置留出 2~3 层发排，烫直根部后，编成辫子备用。

03 从预留的辫子向上，都是一样的做法，即烫直根部，并修剪成 3cm 左右的长度。

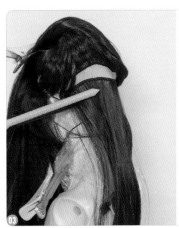 

04 用卷发棒烫出内扣的效果。注意不要让碎发的位置超过肉色底坯。

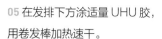

05 在发排下方涂适量 UHU 胶，用卷发棒加热速干。

06 喷定型喷雾固定，用尖尾梳压着发丝，并用吹风机将其吹平整，避免毛发刺出。

07 以上步骤重复至接近仿真头皮层的位置。

08 在仿真头皮层下预留 2~3 层发排。

09 用卷发棒烫直发排，让假发服帖后脑勺。

10 在鬓角上方的位置涂 UHU 胶，然后用假发盖住。此步骤是为了让两侧的发丝平整。

11 在表面喷少量定型喷雾，用吹风机吹干。用上面的假发盖住之前修短的假发，确保不露出杂乱的发丝。

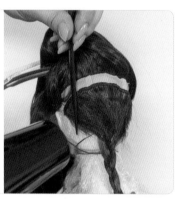

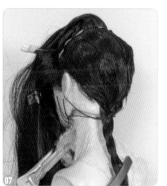

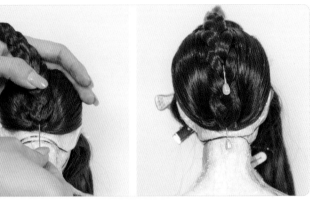

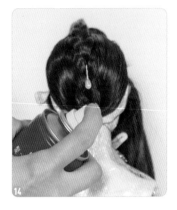

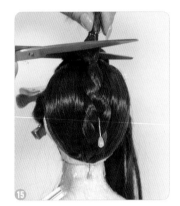

12 编辫子的时候可以根据具体情况适当打薄，让辫子不至于太粗而影响下一步骤。打薄要在内侧操作。

13 把辫子向上翻转，用珠针固定。

14 此处喷大量定型喷雾，等干，也可以在辫子下方涂热熔胶，将辫子粘在假发及底坯上。

15 将辫子的尾部留出适当的长度，然后剪掉多余部分。

16 此处可使用热熔胶将辫子的尾部粘在仿真头皮层的后方（从侧面看大概是耳朵上方）。

17 将仿真头皮层的发丝拨开，分成 3 部分。

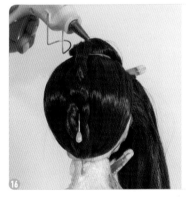

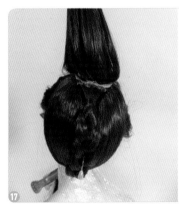

18 用修眉刀片割下中间的部分。

19 将仿真头皮层的发丝向后烫直，直到看不出明显的头路（仿真头皮层上的发缝），用夹子夹住备用。

20 把发际线位置上的发丝散开，从两侧额角分出 3 部分。

21 在鬓角的位置先用小风将发丝吹向后侧，喷少量定型喷雾固定。另一侧鬓角进行同样的操作。

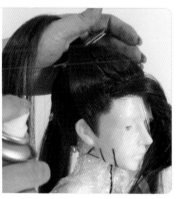

22 在头顶确认好位置后，用卷发棒加热发丝，这样可以更好地塑型。

23 在发丝没有凉透之前快速扎一个马尾，并压住马尾，让发丝冷却、固定形状。

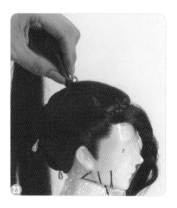

24 用尖尾梳确定马尾、美人尖、鼻梁在一条直线上。

25 喷大量发胶固定马尾根部。

26 后边预留出发髻的长度，用电动推子剃平。如果没有电动推子，则可使用剪刀。

27 在发丝末端涂 UHU 胶，使它形成一束，等干。

28 等 UHU 胶完全干透后将热熔胶点在马尾根部，并把发丝末端粘在马尾根部。

29 先用橡皮筋固定，然后用松紧绳扎紧。

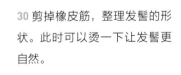

30 剪掉橡皮筋，整理发髻的形状。此时可以烫一下让发髻更自然。

31 做一个假发片，烫弯之后，在弯曲的部分点 UHU 胶。

32 将弯曲的部分扣在发髻根部，用卷发棒加热使其速干。加热发丝，使其可以轻松地缠绕在发髻上。

33 将假发片的尾部剪断、涂 UHU 胶，然后擦除多余的 UHU 胶。

34 点 UHU 胶，用卷发棒加热使其速干。

 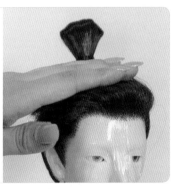 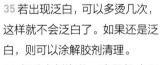 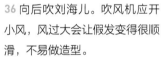

35 若出现泛白，可以多烫几次，这样就不会泛白了。如果还是泛白，则可以涂解胶剂清理。

36 向后吹刘海儿。吹风机应开小风，风过大会让假发变得很顺滑，不易做造型。

37 可先大概修剪刘海儿的长度，后续还要进行精细修剪。

38 烫一下发际线的位置，轻轻地将不服帖的发丝烫平整。

39 用卷发棒烫根部，手拉着发丝向下分散开，做出发丝自然均匀展开的效果。

40 用卷发棒将刘海儿的发尾烫出内扣效果，避免发丝刺出影响整体形状。

41 如果头顶的假发过于蓬松，可以烫一下头顶，然后用手压住等其冷却。

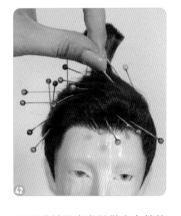 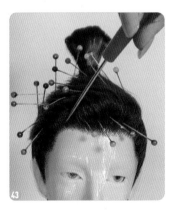

42 用珠针固定发丝做出自然纹理，此时还可以根据情况将比较突出的部分向下压一压。

43 喷定型喷雾后，用吹风机小热风加速定型，吹的时候可以用尖尾梳辅助压平碎发。

摄 影 ：米 兰 的 小 蝙 蝠

第 5 章

三次元女款造型

影视风大小姐造型 | 影视风侠女造型 | 古风闺秀盘发造型 | 日系可爱造型 | 复古手推波造型

视频　　　　视频

佩戴好毛坯，准备鸭嘴夹、松紧绳、珠针、尖尾梳、平剪、6mm 或 9mm 卷发棒、热熔胶枪、定型喷雾。

01 将手钩发际线部分分出来，用鸭嘴夹夹住备用。

02 在距离手钩发际线部分 1cm 的位置分出适量发丝。

03 将剩余仿真头皮层的发丝向后熨烫至平整。

04 将仿真头皮层的发丝在头顶扎起一个马尾。

05 把马尾从左到右分成大、中、小 3 份。

06 将3份发丝分别编成鱼骨辫，具体方法详见视频操作。

07 3 根鱼骨辫需要留出不同的长度，用松紧绳固定好。

08 按照上图所示的方式固定好，将最粗、最长的辫子放在后面，将最细、最短的辫子放在中间，剩下的那根辫子放在前面。

09 将之前预留出来的发丝在中分头路的位置分出一层夹在前面固定，另一侧进行同样的操作。

10 用卷发棒加热发丝，在发丝根部烫出些许弧度。

11 将加热后的发丝缠在中间，需要在辫子中间穿插缠绕，具体方法随意，盖住热熔胶的胶印即可。另一侧进行相同的操作。

12 将发尾用夹子固定在后脑，喷大量定型喷雾固定缠绕好的发丝。

13 将发尾在后边扎起，剪短后用热熔胶固定。

14 取左侧发丝，用吹风机向后吹，让发丝自然向后。

15 在眼上的位置，斜着分出上下两部分发丝，将上半部分发丝夹住备用，从下半部分发丝中再分出鬓角的一缕发丝。

16 用卷发棒将下半部分发丝烫出先向下再向上的弧度，可以用夹子辅助操作。

17 喷少量定型喷雾后用热风烘干、固定，发尾暂时夹在脑后。

18 先将上半部分发丝留出刘海儿部分，然后和下半部分发丝同样的操作。

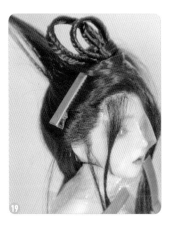

19 先烫出向下的弧度，用夹子固定，再烫出向上的弧度。

20 在发根和向下弧度的位置重复烫，直到达到满意的效果。

21 必要时可以用夹子和珠针辅助操作。喷少量定型喷雾，用吹风机烘干。

22 另一侧进行相同的处理。

23 将所有的发尾束在脑后，可以先用卷发棒烫一下，再扎起来。

24 修剪长度后，编成一根3股辫，
用松紧绳固定尾部。

25 喷定型喷雾后用吹风机烘干，
尽量减少碎发，然后用卷发棒
烫弯。

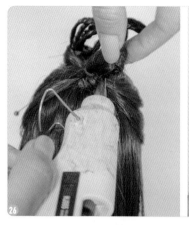

26 在发梢处点热熔胶，然后将发梢向前折，粘在发髻的后面，注意隐藏热熔胶的胶印。

27 处理发髻上的小辫子，用珠针固定出想要的弧度。将珠针固定在中分位置，减少中分位置露出的头皮，并喷定型喷雾固定。

28 编一根鱼骨辫，粘在发髻的后边，将热熔胶的胶印尽量隐藏在发髻后。

29 先用珠针固定，不让鱼骨辫翘起，再在鱼骨辫上喷定型喷雾进行固定。

30 在耳后分出两缕发丝，夹在前方备用。

31 在披散的假发表面取适量发丝。

32 编一根 3 股辫，在大概耳后的位置系松紧绳。这个位置可以根据自己喜好变换。

33 将之前两侧耳后留出的发丝编成鱼骨辫。

34 将辫子放在脑后，向上粘在发髻的后方，注意辫子要盖住之前的热熔胶的胶印，并且把发尾藏起来。

35 此时可以解开下边多编出来的 3 股辫。

36 用右侧的小辫子卷出一个小花，随意即可。用珠针固定，喷定型喷雾。

37 将鬓角留出的发丝烫直即可。

38 先将刘海儿部分拉直。

39 用卷发棒的夹片烫刘海儿的根部，让刘海儿更贴近面部。

40 将刘海儿分为两部分，将后半段卷一下，用手拿着，等待冷却。

41 将前半段也卷一下，用手拿着，等待冷却。

42 修剪刘海儿的长度，要从额头中部到侧面逐渐加长。

43 用卷发棒的夹片烫一下发际线的位置，减少乱飞的发丝。

44 取前边一小缕发丝，卷一下。

45 这样就得到一侧 3 缕带有层次的刘海儿。另一侧的刘海儿做同样的处理。

46 做完造型后，少量多次地喷定型喷雾固定。

5.2 影视风侠女造型

固定毛坯，需要使用的工具包含橡皮筋、松紧绳、鸭嘴夹、珠针、小锥子、修眉刀片、尖尾梳、牙剪、平剪、6mm 或 9mm 卷发棒、吹风机、UHU 胶、定型喷雾。

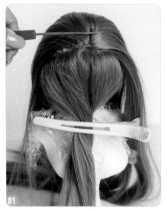

01 将手钩发际线位置的发丝分区并固定。在仿真头皮层预留约 1cm 宽的发丝。

02 向两侧延伸出部分发丝，用鸭嘴夹固定备用。

03 将仿真头皮层剩余的发丝向后熨烫，确保向后梳起不会有明显的头路。

04 用修眉刀片将剩余发丝的后半部分刮掉。

05 在两侧预留发丝的后方剪掉一个锐角小三角形的发丝，以减少整体的发量。处理后将仿真头皮层的前半部分
发丝用鸭嘴夹夹住备用。

06 后面的发排要分层熨烫根部，
让发丝更服帖。

07 将后面的发排用夹子固定
备用。

08 将仿真头皮层的前半部分，包
括两侧预留的发排扎起，用卷发
棒熨烫发排根部使发丝更服帖。

09 马尾的位置大约在耳朵后方，
可以用小锥子或尖尾梳辅助，用
松紧绳扎好，活结固定。

10 展开前面的手钩部分，根据
需要分出头路，用小锥子或尖尾
梳对准中线，确定马尾的居中
位置。

11 确定好位置后将松紧绳系紧，打死结，剪掉多余部分，将马尾抬高固定在脑后，在松紧绳处喷大量定型喷雾并吹干、固定。

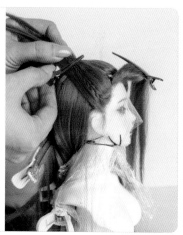

12 将左侧手钩发际线部分的发丝在额角分开，中间部分用小夹子夹好备用；耳前留出鬓角，分出适量发丝编小辫子。

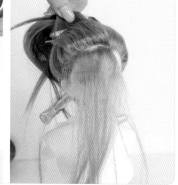

13 另一侧的操作同上。可以根据自己的喜好做辫子装饰，串珠、发环、发绳都可以添加在此处。

14 在前面手钩发际线处挑出适量发丝向后梳起，尽量不要露出肉色底坯。

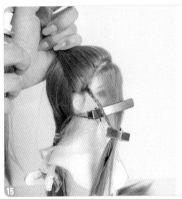  

15 喷少量定型喷雾辅助固定发丝，先扎发丝，再将小辫子调整到合适的位置扎起。

16 在松紧绳处喷大量定型喷雾，抬起马尾固定，用吹风机吹干、固定。

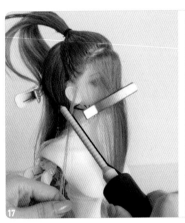  

17 将鬓角固定在想要的位置烫弯，修剪长短。另一侧同理。

18 提起剩余的刘海儿，用吹风机吹发根，距离不要太近，吹出蓬松的效果。

19 把刘海儿大概分成 4 部分处理。第一部分顺直发丝，用卷发棒的夹片在内侧夹住刘海儿，让刘海儿更靠近面部、弧度更自然。烫好后修剪到适当的长度。

20 第二部分进行同样的操作。

21 将第三部分的发丝分出，用卷发棒熨烫发根，在没有完全冷却之前将这部分发丝展开。

22 用卷发棒轻轻点烫发根部分，改变发丝的走向，用小锥子或尖尾梳或指甲辅助，然后根据需要修剪长度。

23 第四部分的操作和上一步相同。

24 将卷发棒调至低温，内扣刘海儿的发梢，烫出自然的弧度。

25 用小珠针定位刘海儿，分出自然纹理，少量多次喷定型喷雾，将吹风机调至最低档，用热风烘干。

 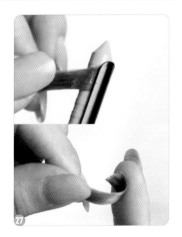

26 取少许发丝，点 UHU 胶，用棉签或手指涂匀胶水，尽量粘到每一根发丝，剪齐。

27 等 UHU 胶干后，烫、卷出向内凹的弧度。

28 点少量 UHU 胶，粘在马尾下侧，可以用卷发棒加热，使胶水加速变干，此处在内侧，不怕发白。

29 熨烫发丝，可以让发丝变软从而更好地缠绕在马尾上，在下方点少量 UHU 胶固定。

30 结尾处在发丝可以达到马尾下方的长度剪断，点 UHU 胶，将结尾处藏在马尾下边，用卷发棒加热使其速干。如果出现白色胶印，则可以多烫几遍，或者使用解胶剂。

31 如果想要二次元风格的马尾，做到此步即可。

32 如果想要更服帖的马尾，则需要分层、少量、多次地熨烫马尾。

BJD 女款盘发的种类非常多，做法、款式也五花八门。很多复杂的盘发会用发包、发棍来辅助造型，当然，不是所有盘发都需要用到发包、发棍，只要方法、思路得当就可以做出简单、大气的造型。

准备一顶中分长发发坯、尖尾梳、鲨鱼夹、鸭嘴夹、6mm 或 9mm 卷发棒、造型胶、橡皮筋、黑线、针。

01 用尖尾梳分区，分出头皮 2/3 左右的发丝，左右两边对称均匀，用鲨鱼夹固定。

02 分出一部分头顶的发丝，发量以抓起来不露出发排为准。将分出来的发丝用橡皮筋扎成马尾辫。

03 在马尾辫上端刷造型胶，然后扎上第二根橡皮筋。

04 将两端橡皮筋合拢，有一圈空心的曲度即可，再将两端用橡皮筋扎紧。

05 将发束均分，分别往两边掰，两端贴到底发位置。

06 用黑线将弯曲部分分别缝在和底发连接的位置，对称即可。

07 取一小把发束，编成3股辫。

08 将辫子套进扎好的发髻中，绕两圈，遮住橡皮筋即可。

09 将两根辫子扎起来，藏在发丝后面。

10 分出前额刘海儿部分，因为是中分头皮，会有中缝，所以需要用卷发棒反复熨烫发根。

11 分出两侧的发丝，涂上造型胶，如上图所示弯曲、调整位置。

12 调整好以后做折叠状，增加造型感。

13 两侧做相同的操作，保证位置、形状对称，静置，等待造型胶半干。

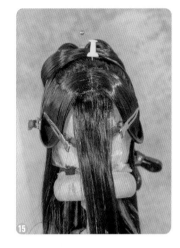

14 在剩余发束上涂造型胶，顺着纹路梳理整齐。

15 用小夹子固定，辅助定型，静置，待造型胶干透。

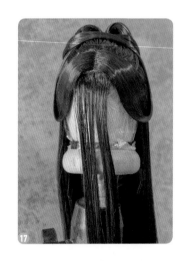

16 干透后将发束扎起来，同样藏在后脑发丝下。

17 处理刘海儿部分。

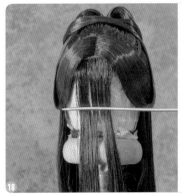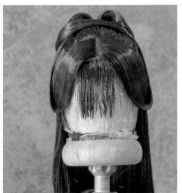

18 剪短刘海儿，注意不要过短，用卷发棒做内扣烫。

19 一边烫一边修剪，达到如左图所示的效果。

20 取两侧少量的发丝，绕至后脑，交叉编成 3 股辫。

5.4 日系可爱造型

佩戴好毛坯，准备弹力线、鸭嘴夹、尖尾梳、牙剪、平剪、6mm 和 13mm 卷发棒、造型胶、发胶、UHU 胶。

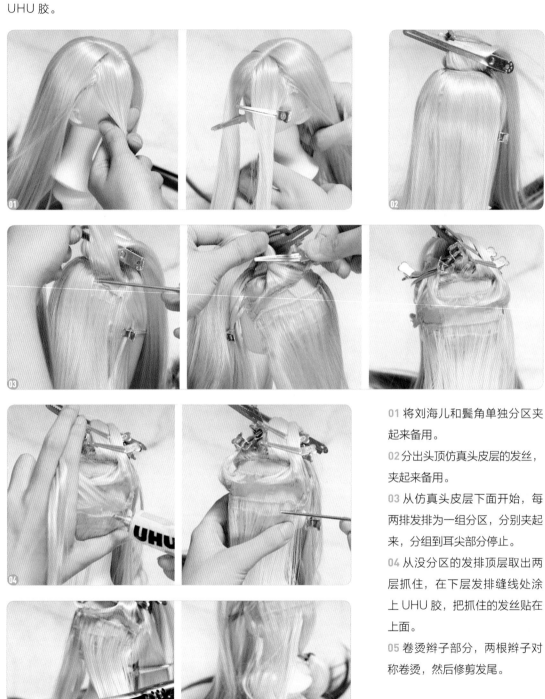

01 将刘海儿和鬓角单独分区夹起来备用。

02 分出头顶仿真头皮层的发丝，夹起来备用。

03 从仿真头皮层下面开始，每两排发排为一组分区，分别夹起来，分组到耳尖部分停止。

04 从没分区的发排顶层取出两层抓住，在下层发排缝线处涂上 UHU 胶，把抓住的发丝贴在上面。

05 卷烫辫子部分，两根辫子对称卷烫，然后修剪发尾。

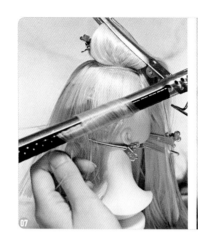

06 修剪好的发尾如上图所示。

07 放下一组之前分区夹起的发排，开始两边对称卷烫。

08 抽出卷发棒之后用手指或工具辅助定型，小心烫手。定型后将发尾修剪到合适长度。

09 将卷烫修剪好的发丝提起，在下层均匀涂抹 UHU 胶并粘贴烫好的发丝，涂抹 UHU 胶的宽度约为 1~1.5cm。此步骤重复至仿真头皮层停止。

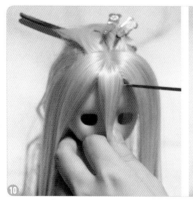

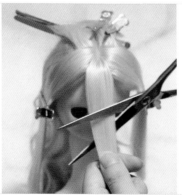

10 放下前区刘海儿准备修剪。分出两眼之间三角区的发丝，用打薄的手法修剪刘海儿。

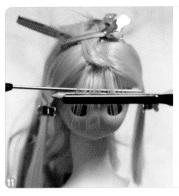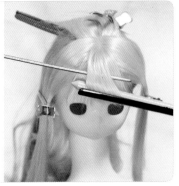

11 把剪好的刘海儿分成两层，烫出内扣效果。

12 烫好后的效果如上图所示。

13 先用卷发棒将鬓角烫出内扣的弧度，再修剪鬓角。

14 修剪好之后的效果如上图所示。

15 把仿真头皮层的发丝分成两层熨烫，此时的手法是先向斜后方外卷，定型后沿着上一个弧度向斜前方内卷。

16 全部定型后剪掉发尾。

17 从头顶中间部位分出薄薄的一层发丝。

18 用手指夹住分出的发丝翻到反方向，然后熨烫发根。

19 冷却后将发丝翻回来，压在卷发棒上烫出头顶处的头发蓬松的效果。

20 烫完表层发丝，完成所有卷烫部分。

21 喷水整理造型，将过于蓬松的地方压下去，可用卷发棒加热辅助，最后喷发胶定型。

　　佩戴好毛坯，准备弹力线、牙剪、大小鸭嘴夹、尖尾梳、平剪、6mm和13mm卷发棒、造型胶、发胶、UHU胶、小钢夹、吹风机。

01 把美人尖部分用于制作手推波的发丝单独分区，夹起来备用。

02 从头缝位置分出薄薄一层发丝，用手指夹住往后拉，加热发根处后等待冷却，对仿真头皮层的发丝全部进行此操作。这样做是为了遮盖发缝，让头顶处变成后梳的造型。

03 右图为遮盖好发缝的样子。

04 将仿真头皮层的发丝全部夹起来。

05 从侧边分出一圈薄发排备用，此部分不进行打薄，以免粘贴时发套边缘出现碎发。

06 剩下的发排每 2~3 层分为一区夹起来备用。

07 分区打薄直至仿真头皮层处停止。

08 把仿真头皮层的发丝分为前后两部分，将后半部分也略微打薄，这样绑好马尾后头顶的发量会比较均匀。

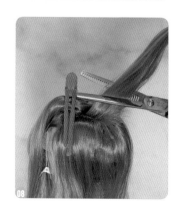

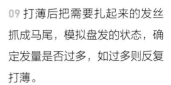

09 打薄后把需要扎起来的发丝抓成马尾，模拟盘发的状态，确定发量是否过多，如过多则反复打薄。

10 在仿真头皮层上涂 UHU 胶并顺着马尾的走向粘贴。

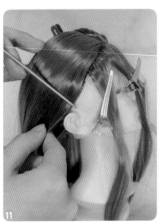

11 注意粘贴两侧发丝时要遮住发套。

12 头顶两侧全部处理好的效果如左图所示。

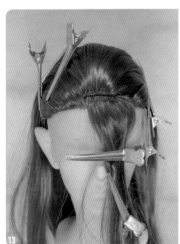

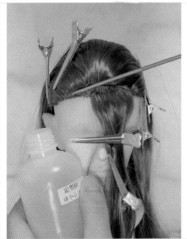

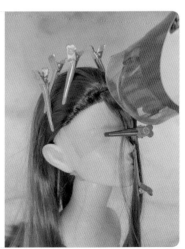

13 将美人尖部分除盘发用的两股发丝外的其余发丝也夹上去，在发根处涂抹造型胶并用吹风机吹干。

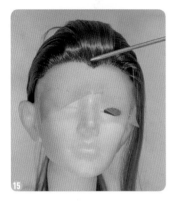

14 将后脑勺上的发丝扎成低马尾，用弹力线扎好，然后分层往上熨烫并分层涂上造型胶。涂好造型胶后，用大鸭嘴夹将发丝夹在头顶并将发根吹干，使马尾呈现出向上的走向。

15 在盘发部分的发根处涂抹造型胶。

16 先盘一边，双指将发丝夹住，另一只手辅助、配合做出第一个弯，可用尖尾梳调整凸起部分的弧度，调整好后用小鸭嘴夹夹住固定。

17 一只手把发丝按住固定，另一只手把发丝平着往后推，推完后捏住并用卷发棒加热弯曲处，然后用小鸭嘴夹固定弯曲部分。注意，每个弯道都是向下凹陷的，凸起部分一直是两个弯之间的连接处。

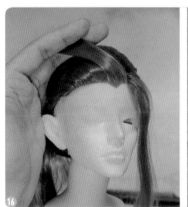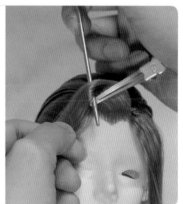

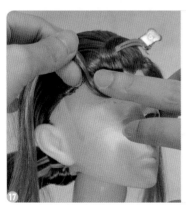

18 每捏一个弧度都要喷少量发胶定型。

19 继续推下一个弧度，如果两个弧度之间的凸起无法靠手推出来，则可使用带齿鸭嘴夹辅助，两种手法如上图所示。

20 推完耳朵前面的部分后，最后一个弧度落在耳后，用卷发棒加热后夹在耳后备用。

21 另一边盘好后如右图所示，注意，朝着面部方向的弯道中间不要露发际线。

22 用尖尾梳或竹签蘸取少量UHU胶蹭在手推波的弯道内侧并粘贴，使波纹更服帖。

23 剪掉网纱，前区完成。

24 将马尾均匀分成左右2份。

25 编两根辫子并适当扯松，如果喜欢小发包则可不扯松，然后用弹力线绑紧发尾。

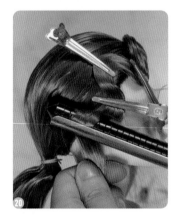

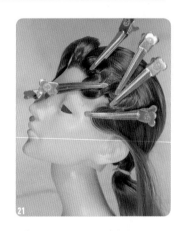

26 在发尾的碎发上涂造型胶并使其弯折，再次用弹力线绑紧。

27 将两根辫子打结。

28 将发尾贴在马尾接口底下。如果两根辫子一起贴在马尾接口底下时此处发量过多，则可将两根辫子分别贴在马尾上面和下面。

29 处理手推波发尾，用6mm卷发棒将发尾向外卷烫。

30 修剪发尾后用UHU胶将发尾发丝粘紧并捏在一起，然后贴在马尾辫内侧。

31 用和发丝颜色接近的小钢夹将马尾辫固定在脑后，整理造型。最后整体上发胶定型。

二次元风男女款造型

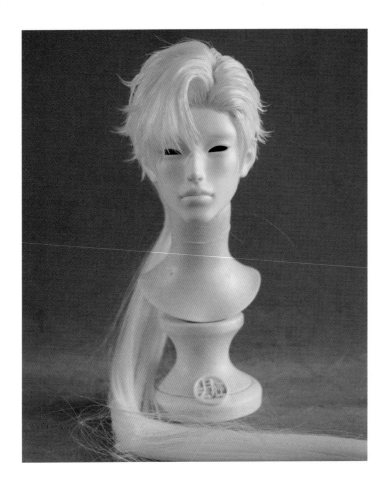

佩戴好毛坯，准备橡皮筋、尖尾梳、牙剪、修眉刀片、6mm 或 9mm 卷发棒、造型胶、鸭嘴夹、定型喷雾，将假发从耳后一分为二。

01 将发尾打薄、修剪。

02 用牙剪将耳后部分的发丝打薄。

03 直接用修眉刀片修掉耳朵上面多余的发丝。

04 将耳后的发丝内扣烫到贴合头皮。

05 用卷发棒将贴近脖子位置的发丝夹住向外翻，使其贴合脖子的弧度，这层发丝用于扎辫子，须留长。

06 放下一层发丝，用牙剪修剪、打薄，可以提前把底层的发丝绑起来，以防修错。

07 将后面的发丝修短后，将牙剪竖起，打薄发尾，修出层次。

08 修剪时注意长度，使发尾稍长一些，这样方便过渡到长发部分。

09 分出鬓角，用修眉刀片将其修到耳垂位置，然后用卷发棒将鬓角位置的发丝先向内扣再拉直，使鬓角贴合面部。

10 在鬓角处涂抹造型胶后，将后面的发丝内扣烫到贴合后脑勺。

11 修剪、烫好后的效果如上图所示。

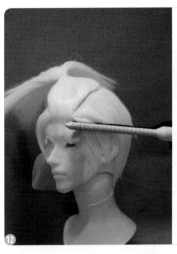

12 分出一层发丝重复上面的步骤，边缘刘海儿部分用卷发棒翻过来折叠烫出刘海儿的弧度。

13 如果感觉假发太"拘谨"，可以适当增加一些反翘效果，即用卷发棒将发丝翻过来烫。

14 将顶层的发丝放下，修剪好长度后，确定刘海儿的位置并用卷发棒将刘海儿烫下来。

15 将刘海儿和鬓角衔接起来。

16 另一边做出后梳效果，即将卷发棒翻过来向后烫。

17 用牙剪将多余的刘海儿部分修剪掉，并将刘海儿修剪到鼻尖的位置。

18 烫好刘海儿后，在刘海儿发际线的位置涂上造型胶。

19 用尖尾梳在头皮位置做Z字型分区。

20 用卷发棒将刘海儿最外层夹住向外推，另一边同理。

21 用卷发棒将刘海儿夹住向前烫。

22 注意刘海儿和鬓角的衔接。

23 用卷发棒对刘海儿做内扣造型，对另一边的后梳部分做出反翘效果。

24 在刘海儿发际线位置用鸭嘴夹固定、等干，再用定型喷雾进行整体定型。

　　需要准备的工具包含鸭嘴夹、尖尾梳或小锥子、牙剪、平剪、修眉刀片、6mm 或 9mm 卷发棒、吹风机、热熔胶枪、UHU 胶、定型喷雾。

01 佩戴好毛坯，将发丝梳顺，将头顶的发丝用鸭嘴夹固定，露出前面的 2~3 层发排。

02 拆掉这 2 ~ 3 层发排，这一步可根据自己的喜好决定。

03 拿出提前准备好的异色发排（此处为蓝色），梳顺备用。

04 用热熔胶将蓝色发排粘在或用针线缝在底坯上，多余部分剪掉。

05 本次贴 3 层蓝色发排。将下方多余的部分剪掉，剪掉的发丝留着备用。

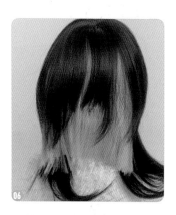

06 将头顶的发丝放下，梳顺。

07 在中间头缝两侧各取少量发丝，若在此过程中想要做出挑染效果，则上方的深色发量不宜过多。

08 用从 2.5.1 节学到的贴发排法，将蓝色发排粘在仿真头皮层上。此处也可以用热熔胶，但热熔胶在仿真头皮层上的黏合程度弱于 UHU 胶，所以最好选择 UHU 胶。

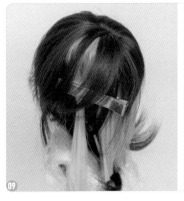

09 用夹子将一侧的蓝色发丝夹
在假发上，固定好位置，等干。
另一侧进行同样的操作。

10 分出后边的发排，用卷发棒
熨烫发根，让发丝更服帖。

11 马尾部分的发量不宜过多，
可以适量在不秃的情况下从发根
部打薄。

12 在预留了马尾的发量后，长
度向上逐渐递减。

13 喷少量水，可以避免发丝产
生静电和卷发棒温度过高导致发
丝损坏。烫出想要的弧度，并随
时根据需要修剪长度。

14 两侧都处理好以后，效果如
左图所示。

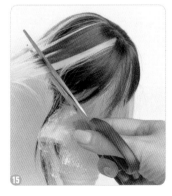

15 等上方贴的蓝色发丝干透后，
可以进行适当的修剪，以便进行
后续的操作。

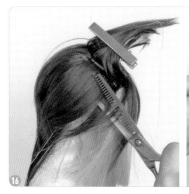

16 将上方剩余的假发分层处理，包括打薄、修剪长度、烫出弧度。每次烫的时候都要喷适量水。

17 最上层修剪、烫卷之后，需要注意不要过多地打薄蓝色发丝。如果蓝色发丝太少，则挑染效果会不明显。

18 两侧处理好后的效果如左下图所示。

19 将前面没有修剪的棕色发丝向后夹住备用。用直板夹熨烫蓝色发丝根部，让发丝更顺直。

20 用平剪上下滑动削剪发丝，额头中部的发丝可以短一些，两侧的发丝可以长一些。

21 如果觉得刘海儿的发量比较多，则可以适当打薄。

22 修剪后，喷少量水，用卷发棒烫出自然的弧度。

23 烫出弧度后，再次进行打薄和修剪长度，直到达到想要的效果。

24 另一侧进行同样的处理。修剪时注意两侧的发量和长度，尽量对称。不过，大家也可以根据自己的喜好修剪出不同的长度。

25 在刘海儿的中间部分喷水，烫出弧度，可以用修眉刀片或平剪修剪。

26 修剪完成后的效果如左图所示。

27 将上方预留的棕色发丝放下。

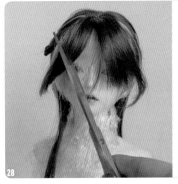 

28 用平剪或修眉刀片将刘海儿削剪到合适的长度，鬓角棕色发丝的长度大概在蓝色发量上方1~1.5cm处。

29 另一侧进行相同的处理。

30 将头顶毛躁的发丝梳顺，如果有少许碎发则可以喷少量定型喷雾固定。

拓展知识

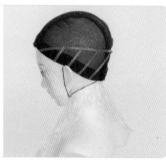

挂耳染的异色范围

刘海儿染的异色范围（两种）

边缘染的异色范围

提示：以上为了方便观看，加宽了异色的范围。在实际操作过程中，大家可以根据自己的喜好决定异色的范围。

视频　　　视频

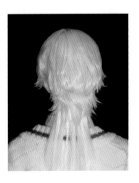

首先佩戴好毛坯，准备好鸭嘴夹、尖尾梳、牙剪、平剪、6mm 和 13mm 卷发棒、发胶、UHU 胶。

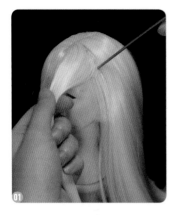

01 分出如上图所示区域的发丝并夹起来备用，此部分发丝将被用来制作刘海儿。

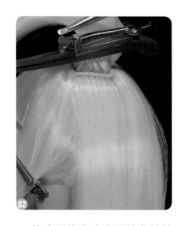

02 将头顶仿真头皮层的发丝单独分区。

03 剩下的发排以每两层为一组分别翻起来夹上去，一直夹到耳朵附近。

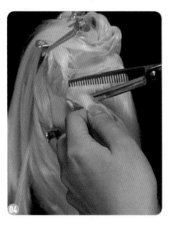

04 用牙剪分层打薄底部发丝，注意不要将所有的发排一起打薄。

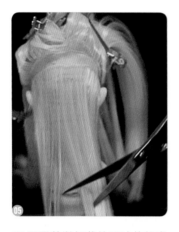

05 用平剪以打薄的手法将假发尾部修剪至适当长度。

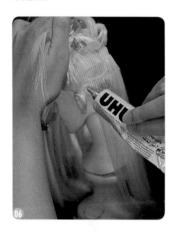

06 从未分区的发排中挑起最上面两层发排固定住，在下面一层发排的缝线上涂上 UHU 胶。

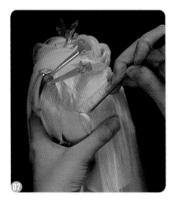

07 将抓住的发丝放下来梳理整齐贴在涂胶处，并用尖尾梳尾端将发丝刮平整。

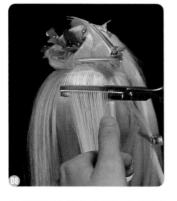

08 继续取上层夹住的发丝，用牙剪打薄，打薄位置不要太靠近头皮，要靠近下一层发排，避免后排发丝太薄以至于造型完成后漏出发网。

09 用 13mm 卷发棒按照如上图所示的方向卷烫发丝。

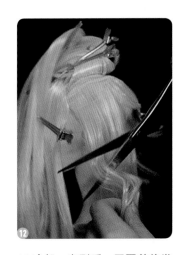

10 取下卷发棒后用手托住没有加热的部分固定卷度，等待其冷却、定型。

11 另外一边需要反方向卷烫。

12 冷却、定型后，用平剪将发尾修剪至合适位置，留出翘起的发尾从而丰富造型。

13 将烫好的发丝抓起来，在下面的发排上均匀涂上 UHU 胶，然后把抓住的发丝梳顺并贴在涂胶处。

14 重复步骤 8~13 直至仿真头皮层，此时的效果如左图所示，取下刘海儿上的夹子准备处理前区。

15 在娃头两眼之间取少量发丝，用平剪以打薄的手法来回滑动，剪出刘海儿中心区，作为整个 M 字刘海儿的定位点。

16 剪出中心区之后修剪 M 字刘海儿的两侧，随时注意刘海儿的宽度。

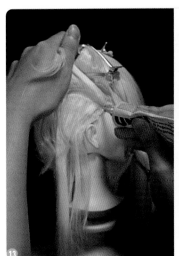

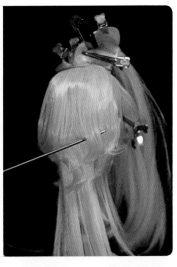

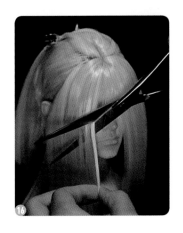

17 顺着刘海儿的方向剪短两鬓，鬓角的长度要比理想长度稍微长一点，这样后期烫出造型之后的长度才会是刚好的。

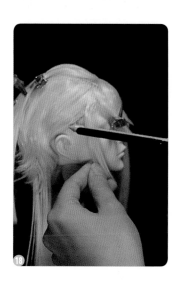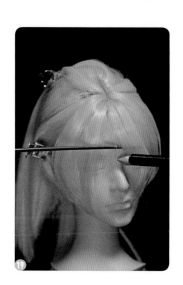

18 给鬓角喷水，用6mm卷发棒将鬓角分两层烫出内扣、贴脸造型。

19 将刘海儿喷湿，用尖尾梳挑起刘海儿中间部分向一边烫内扣，注意不要烫得太卷，带有自然弧度即可。

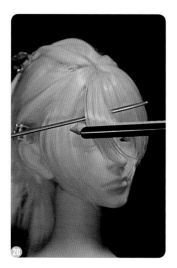

20 两侧的刘海儿用同样的方法处理。

21 处理完刘海儿后将头顶仿真头皮层的发丝平分成上下两层，分别处理。

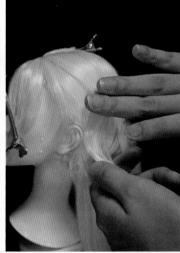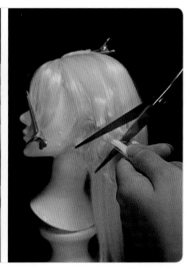

22 两层分别烫卷、修剪，步骤同步骤 9~13。

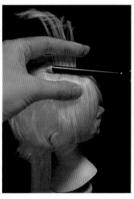

23 从头顶分出薄薄一层发丝，反向烫发根后将这层发丝烫出弧度。

24 喷水整理并用卷发棒夹翘发尾，然后喷发胶定型。

水母头包括多种款式的造型，其主要特征为上部分是蘑菇头造型，下部分是长直发或卷发造型。这里做的是特征比较明显及造型经典的水母头。大家可以根据这款造型的思路进行更多的变化。

准备一顶带刘海儿的发坯，分出需要的刘海儿部分。需要准备的工具包含鸭嘴夹、尖尾梳、定型喷雾、卷发棒、直板夹、橡皮筋、剪刀、牙剪。

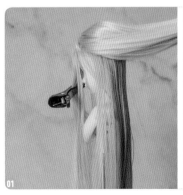

01 分出结构，上面部分做蘑菇头造型，下面少部分做直卷发造型。

02 将定型喷雾喷在底发部分上，避免其在制作过程中变得毛躁。

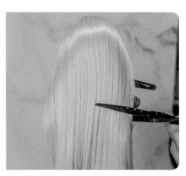

03 放下上层发丝，将娃头转向侧面，确定需要修剪的位置。

04 抓住发尾，一口气将发尾剪整齐，尽量做到一气呵成。

05 分出一部分发丝，方便从最里层开始往外处理。

06 挑出一层发丝，用牙剪贴着发排根部进行打薄、去量，修剪一两次即可。

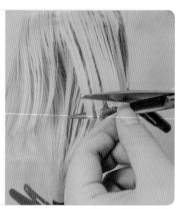

07 用剪刀修剪发尾处不整齐的部分，需要反复、多次调整。

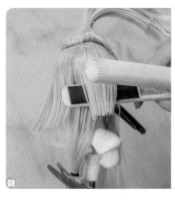

08 用直板夹拉直这层发丝，以方便分辨长短不均匀的部分。

09 避免剪到底部发丝，将底部发束编成辫子，继续修剪不均匀的部分。

10 用同样的方法重复操作，修
剪剩下的部分。

11 修剪后用学过的内扣手法进
行内扣处理。

12 分出刘海儿部分和两边的
发丝。

13 将中间作为刘海儿部分，分
出层次。

14 用牙剪打薄刘海儿。

15 打薄后修剪刘海儿的长度，初次保留的刘海儿长度一定要超过眼睛部分，以方便二次修剪。

16 修剪后用卷发棒烫出弧度，多次调整、修剪。

17 修剪两边的发丝，根据自己的喜好可长可短、可直可卷。

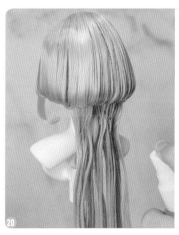

18 修剪合适后烫出内扣造型。

19 进行蘑菇头造型整体调整。

20 放下辫子部分，喷水，用直板夹拉直弯曲的部分。

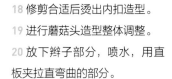

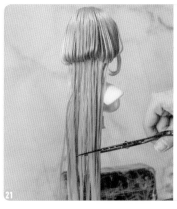

21 根据自己的喜好修剪长度。

22 用 9mm 卷发棒做蛋卷烫。

23 烫卷后修剪发尾部的杂丝，用 6mm 卷发棒卷发尾收尾。

第 7 章

创意进阶男女款造型

多风格适配纹理造型 | 古典欧风盘发造型 | 古风创意复杂款造型 | 分层羊毛卷可爱造型

视频

视频

佩戴好毛坯，准备平剪、牙剪、尖尾梳、鸭嘴夹、6mm 和 13mm 卷发棒、造型胶、定型喷雾、发胶、UHU 胶。

01 将手钩美人尖部分单独分区，夹住备用。

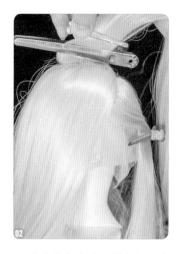

02 分出仿真头皮层的发丝，夹起来备用。

03 从仿真头皮层下面开始，每两层发排为一组分区，分别夹起来，直到耳朵中间部分停止。

04 从没分区的发排顶层取出两层抓住，在下层发排的缝线处涂上 UHU 胶，把抓住的发丝贴在涂胶处。

05 贴好后用尖尾梳尾端将发丝压平整，使 UHU 胶更好地渗透。

06 卷烫发尾，发尾向外卷烫。

07 取下卷发棒后整理卷度、保持造型，等待冷却。

08 另一侧的发尾反方向卷烫，仍然是发尾朝外。

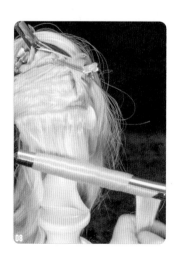

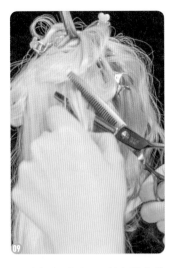

09 冷却定型后用牙剪在距离发丝根部 1cm 左右的位置打薄。

10 修剪发尾处过长的发丝，将发尾打薄、修尖。此步骤重复到头顶。

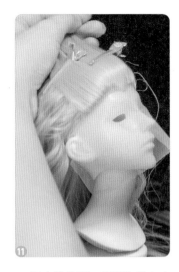

11 烫完卷发后，将手钩美人尖部分的发丝梳上去夹住。

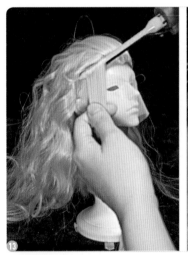

12 用竹签或尖尾梳在手钩美人尖部分涂上造型胶，范围不超过头套位置。涂好后用尖头轻戳，使造型胶渗透进底层发丝。

13 待手钩美人尖部分干透后将发丝放下来，熨烫出刘海儿区域。

14 开始卷烫刘海儿，方向还是发尾向外、两侧对称。

15 将刘海儿卷烫好后梳开，准备修剪。

16 从上往下依次打薄，剪出层次。

17 前额刘海儿处用 6mm 卷发棒烫出小一点的卷度。

18 在头顶部分喷水后，用 6mm 卷发棒烫出细节造型，整理发丝走向。

19 修剪头顶过长的发丝。

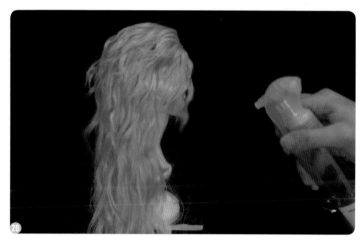

20 喷水整理所有造型，修剪、熨烫、塑造细节。

21 用尖尾梳挑起头顶分缝处发丝，烫蓬松，做出高颅顶效果。

22 对于后脑勺太蓬松、压不下去的地方，可以将此处的发丝翻起来补少量 UHU 胶并贴住，最后喷上发胶定型。

视频

视频

视频

　　佩戴好毛坯，准备松紧绳、尖尾梳、牙剪、平剪、UHU 胶、6mm 或 9mm 卷发棒、鸭嘴夹、U 形夹、定型喷雾。

01 将后面发丝的发根分层烫，顺直发丝。

02 烫完一层卷一层，这样发量少，卷发的效果会更好。

03 手钩美人尖部分要预留出来，暂不处理。

04 将头顶仿真头皮层的发丝向后烫，直到没有明显的头路为止，然后也将其烫卷。

05 烫完之后的效果如左图所示。并不需要进行过多精细的操作，烫弯即可，发卷小一些。

06 将所有烫好的发丝梳开，就会很蓬松，增加体积。

07 只取最中间的一束发丝，周围预留出一圈发丝备用。

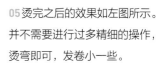

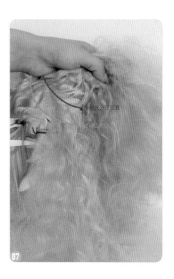

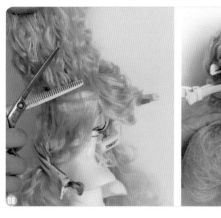

08 中间的发束需要打薄。

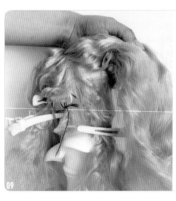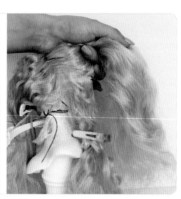

09 打薄的程度如左图所示。

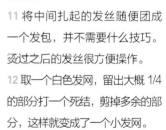

10 在耳后头顶的位置扎起中间的发丝。

11 将中间扎起的发丝随便团成一个发包，并不需要什么技巧。烫过之后的发丝很方便操作。

12 取一个白色发网，留出大概 1/4 的部分打一个死结，剪掉多余的部分，这样就变成了一个小发网。

13 用小发网将发包包裹住，缠绕2~3圈，包得紧实一些。

14 在发包下涂 UHU 胶，然后用 U 形夹固定，等待胶干。

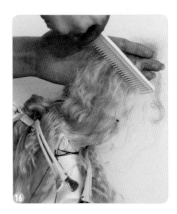

15 将耳后的发丝打毛，用细齿梳倒梳发丝即可，尽量均匀。

16 用发梳轻轻梳平表面发丝。

17 轻扯发丝，让假发自然散开，用 U 形夹固定的同时可以做出自然纹理。向上包住发包，喷定型喷雾固定。

18 让发丝尽量散开到后脑勺的位置。此时会露出肉色底坯，但无须理会。

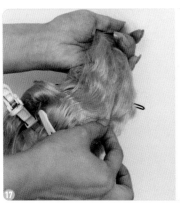

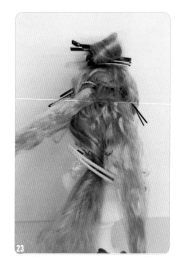

19 另一边进行相同的处理。

20 喷定型喷雾固定。

21 此处的发料是上边预留出的发丝，不包括手钩美人尖部分，是仿真头皮层前半部分的发料。

22 将这束发料分为上下两部分，下半部分可以少一些。下半部分用夹子夹住备用。

23 将上半部分从中间位置分成两份，向两侧梳理。

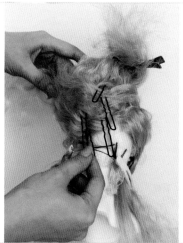

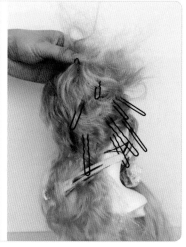

24 与之前同样的方法。打毛、轻扯发丝散开至脑后，用 U 形夹固定。注意，应尽量遮住露出的肉色底坯。

25 喷定型喷雾固定后，将包住发包的所有发丝收拢，在发包的上方扎一个马尾。

26 将前边预留的卷好的发丝向上包裹发包，喷定型喷雾固定。

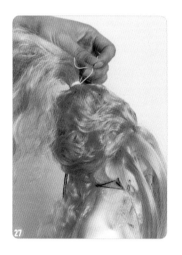

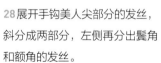

27 将所有包住发包的发丝全部扎起。

28 展开手钩美人尖部分的发丝，斜分成两部分，左侧再分出鬓角和额角的发丝。

29 将发根加热、压直，让发际线部分的发丝立起来。

30 将左侧的发丝都卷起。

31 梳开后，在适当的位置加热使其拱起一个弧度。

32 轻扯发丝，向后延伸，用∪形夹固定，喷定型喷雾固定。另一侧用同样的方法处理。

33 再次将发丝扎起，效果如上图所示。之前的松紧绳可拆可不拆。

34 将马尾的发丝卷成罗马卷。

35 可以在马尾中间的位置烫一个卷，做成一朵小花盖住中间的发旋。

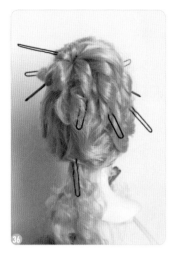

36 将马尾全部卷好后，用U形夹将罗马卷固定在想要的位置上，喷定型喷雾固定。

37 将额角发丝卷出罗马卷，注意卷的方向，让发丝根部呈"丿"形状。

38 烫发丝的根部，让这缕发丝在发际线的位置立起来。

39 将鬓角的发丝烫卷，卷的方向和额角的发丝相同。

40 另一侧做相同的处理。

41 调整两侧额角、鬓角发丝的长度。

42 将后脑勺预留出来的发丝卷起来。

43 后面中间位置的发丝仅用定型喷雾无法完全固定，可以先点一些 UHU 胶粘住。

7.3 古风创意复杂造型

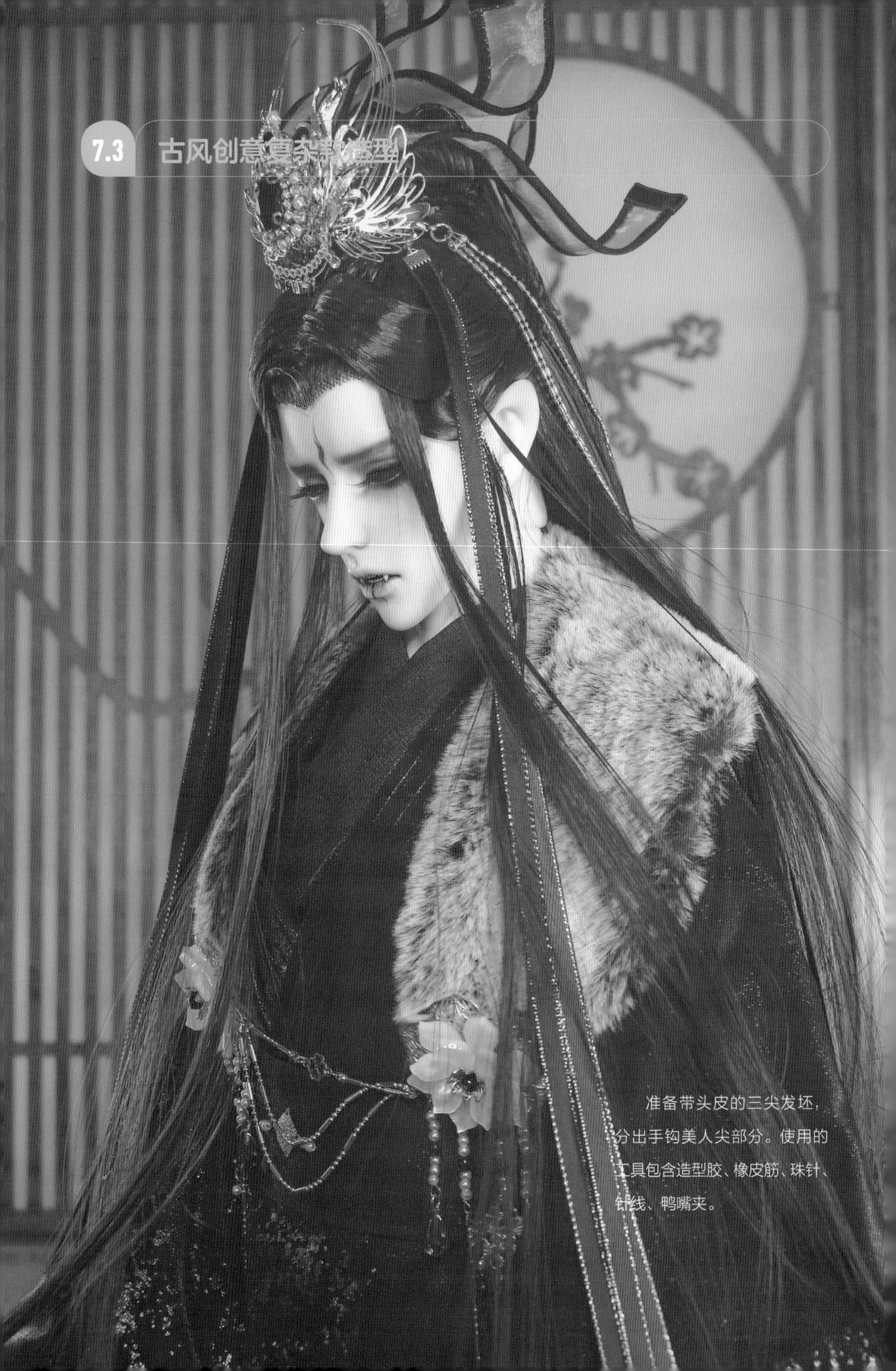

准备带头皮的三尖发坯，分出手钩美人尖部分。使用的工具包含造型胶、橡皮筋、珠针、针线、鸭嘴夹。

01 取头皮居中位置的发片，刷上造型胶。

02 绑上橡皮筋做拱形发髻，然后用珠针定位。

03 取下珠针，在定位处用针线将拱形发髻缝在底发上。

04 在发髻前方位置取一层发片，用直板夹将其烫服帖，然后顺着发髻刷造型胶。

05 修剪尾部，使其自然垂下。　　　　06 取发髻附近一缕发丝编成 3 股辫。

07 将 3 股辫顺着发髻边缘贴上，用鸭嘴夹固定，另一边同理。

08 做出如上图所示的分区，分别固定。

  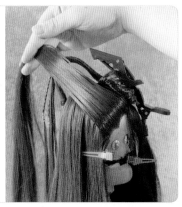

09 抓取顶部头皮部分的发丝，
将三尖处的发丝顺梳上去，涂造
型胶。

10 穿过拱形发髻，梳理整齐后
用针线固定。

11 另一边也进行相同的操作。

12 将前额的刘海儿部分向两侧
均分并涂造型胶固定。

  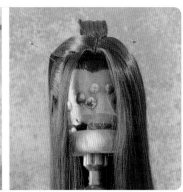

13 取头顶发丝，分出底部一小片。

14 涂造型胶，贴着手钩美人尖边缘做弯曲造型，缝线固定。

15 取剩下的发丝，按照 1：3 的比例分开。

16 在量多的那份发丝中挑出一缕，使其下垂。

17 对剩下的发丝涂造型胶，将其做成有弧度的形状，并将其穿过拱形发髻。

18 在半干状态下调整造型，然后晾干。两边进行同样的操作。

19 将穿过发髻的那部分发丝编成鱼骨辫。

20 从两侧取两股发束随机和辫子绑在一起，上图中只是其中一种做法。

21 将占比为 1/4 的发丝编成 3 股辫。

22 用辫子缠绕发髻，无固定做法，美观即可。

23 将多出的辫子直接扎在粗辫子之后，放下发帘。

视频

视频

佩戴好毛坯，准备橡皮筋、尖尾梳、牙剪、修眉刀片、6mm或9mm卷发棒、造型胶、定型喷雾，将假发一分为二，留出鬓角的位置。

01 将最下层的发丝用修眉刀片修短。

02 用修眉刀片将耳后的发丝修剪到耳根位置。

03 再用牙剪将耳后的发丝打薄。

04 将耳后的发丝内扣烫到贴合
耳部轮廓。

05 用卷发棒将发尾向外翻，使
其可以更好地贴合脖子的弧度。

06 对于后脑勺的发丝，同样用
卷发棒内扣再外翻。

07 将第二层发丝放下，用修眉
刀片修短。

08 修短后用卷发棒对这层发丝
烫内扣造型。

09 分出鬓角，用修眉刀片修到
耳垂位置。

10 用造型胶涂抹鬓角，使之贴
合面部。

11 将下层发丝用定型喷雾定型
后，将上层发丝放下修剪。

12 修剪完后用卷发棒将这层发
丝卷出弧度。

13 如上图所示，可以往不同方向卷。

14 将这一层发丝卷完后用梳子梳开。

15 梳开后假发会显得量多、蓬松，可以用修眉刀片进行修剪、去量。

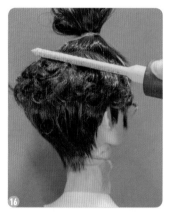

16 整理好后将翘起的发丝根部烫成内扣造型，使其可以更好地贴合头部。

17 全部做好后的效果如上图所示，可以适当地喷定型喷雾，以减少蓬松感。

18 将最上层的发丝放下，用梳子分区。

19 取出发行量较少一边的发丝进行修剪、打薄，长度为到达耳朵部位。

20 用卷发棒先夹住发丝再提拉、做内扣，垫高头顶。

21 将修好的部分用卷发棒卷出弧度。

22 使用同样的手法对鬓角进行修剪。

23 另一边同理，先垫高头顶，然后用卷发棒做出卷度。

24 将前面的发丝分出一部分作为刘海儿区域，并用卷发棒向前烫。

25 烫好后，将其修剪到鼻底位置，然后用卷发棒卷出弧度，尽量不要同一方向。喷定型喷雾，以减少蓬松感。

26 最后一层重复上面的步骤，和刘海儿衔接，用定型喷雾进行整体定型。

摄影：kakuso_R

第 8 章

BJD假发的存放与保养

存放必备品 ┃ BJD 造型假发的佩戴方法 ┃ 美人尖网纱的修剪方法

美人尖鬓角的固定方法 ┃ 正确梳理假发 ┃ 如何拯救"翻车毛"

包装盒：牛皮纸盒、PVC 折叠盒、PVC 罐子
均可，可以根据假发的大小自由选择。

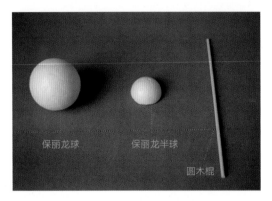

保丽龙球　保丽龙半球

圆木棍

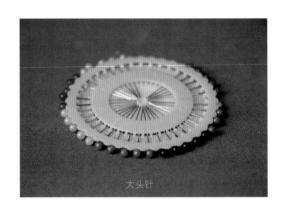

大头针

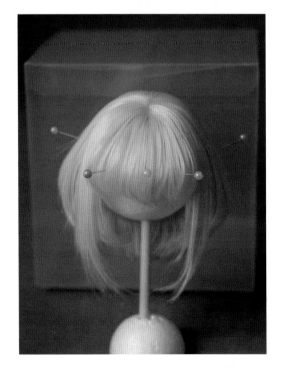

先将保丽龙球塞入假发，起到支撑作用，然后
将圆木棍插入圆球和半球中，用大头针固定，再将
假发塞入盒子里，这就是日常假发存放的方法。

BJD造型假发在制作过程中经过卷烫、粘贴、上胶等操作，已不再适用普通毛坯的佩戴方法。下面一起来看看合理的BJD造型假发的佩戴过程。

准备工作：BJD 造型假发、BJD。

01 用食指和拇指提起假发头顶略微偏后的部分，拿起假发。在此部位拿取假发不容易破坏造型。

02 将造型假发放置于娃头上，同时粗略分出鬓角并将其拨到耳朵前面，以免佩戴时耳朵和发套的缝隙夹住发丝。

03 一只手托住下巴固定娃头，另一只手将假发调整至合适的发际线位置并向下扣按。发际线位置遵循人体的"三庭五眼"比例，把脸的长度三等分，即前额发际线至眉心＝眉心至鼻底＝鼻底至下颏。

04 扣稳假发之后按住头顶和下巴，将后脑勺的发网拉扯至合适的松紧程度，位置以假发完整覆盖头顶但没有鼓起来最佳。

05 戴上假发即可开始整理。先整理耳朵附近，再次细分鬓角。如果发量较多则会显得头大，可分出适量发丝放在耳后，并把前区的发丝拨至耳朵附近，让鬓角遮住空缺。

06 整理刘海儿，拨开挡住眼睛的发丝，梳理因佩戴变得毛躁的发丝。可用眉梳或牙刷轻轻辅助，不可大力拉扯或强行梳开。

07 整理后脑和脖子附近的发丝，可用牙刷进行辅助，同样不可用梳子强行梳开或拉扯，以免破坏造型。佩戴全程不需要用手握住假发。

8.3 美人尖网纱的修剪方法

网纱在美人尖假发上起着至关重要的作用，下图中分别是三尖假发和单尖假发。款式不同，发丝在网纱上的分布面积和形状也不同。

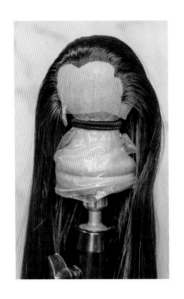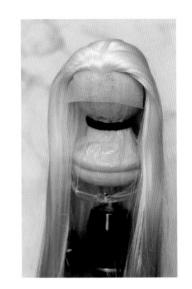

将假发翻过来，可以看到发丝是先钩织在发网上，再缝在发帽上的。

未造型的假发，没有经过造型处理，发帽和手钩美人尖部分处于无结构、软塌状态。发坯状态下的网纱是不能修剪的。

下图所示为一顶造型完成的假发，网纱空白部分都用图钉钉在头模上，说明网纱起到了固定造型的作用。固定网纱后，在做造型的途中手钩美人尖部分便不会因造型动作而发生拉扯变形。

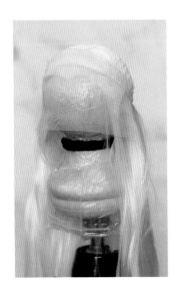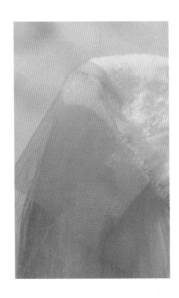

造型完成后，便可以修剪网纱了。修剪网纱的工具只需要用到小巧的弯头剪刀。

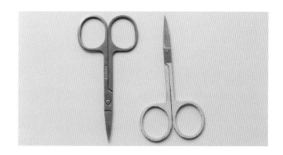

01 为方便观看，将假发和头模从支架上取下。

02 用弯头剪刀（其他工具也可）挑出图钉。

03 使假发处于这种状态下，就可以修剪网纱了。

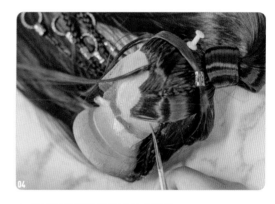

04 从网纱边缘沿着造型轮廓修剪。

05 修剪的时候注意不要太贴近发丝。

06 跟着鬓发轮廓的形状、走向修剪。

07 利用剪刀头弧度的优势顺势修剪过去，修剪时留出 0.1~0.2mm 宽的网纱。

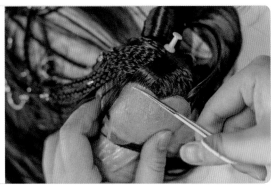

08 按照这样的手感顺势将另一半也修剪完。

09 收尾部分和开头一样，将网纱修剪干净。

10 修剪后的效果如左图所示，手钩美人尖部分要多保留一部分网纱，以免后期网纱损耗导致手钩美人尖部分松散。

单尖毛坯的手钩美人尖部分相比三尖毛坯会少很多。

　　大部分单尖毛坯会被制作者根据自己的喜好做成硬造型，造型的硬软程度和胶水种类有关。

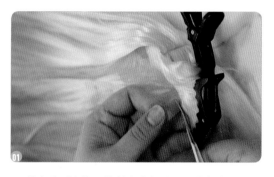

01 单尖造型中的手钩美人尖部分不一定都会用上，所以依旧需要留出 0.1~0.2mm 的边。

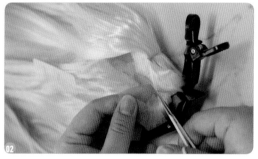

02 剪到这个位置，图中使用的是不可水溶的胶水，所以可以贴边修剪。

03 另外一边也使用同样的方法，在无胶的部分留出一点网纱。

8.4 美人尖鬓角的固定方法

　　美人尖大致分为 3 种：三尖、单尖、现代风常用的鬓角尖。造型需求及制作者手工艺不同，美人尖呈现的效果也各有不同。美人尖鬓角的固定方法根据假发造型的实际情况而定。

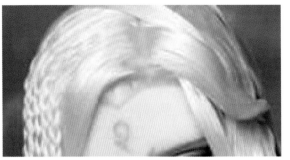

● 美人尖鬓角的固定工具

3M 亚克力胶 / 双面胶：普通白色双面胶和 3M 亚克力胶都可以，3M 亚克力胶的黏性更好。

美纹纸胶带：隔离双面胶和娃头的接触面，避免胶布停留时间过长从而无法取下。

剪刀：普通剪刀即可，修剪胶带用。

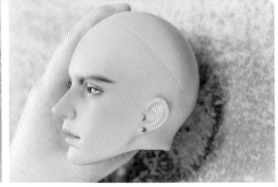

01 准备一颗带妆的娃头和一顶成品假发。

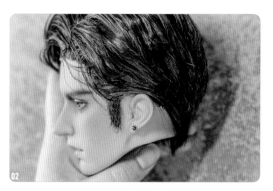

02 将假发按确定好的鬓角位置佩戴好。

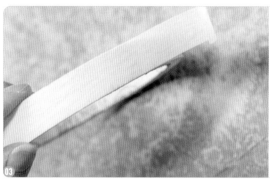

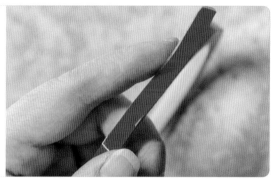

03 准备美纹纸胶带和 3M 亚克力胶。

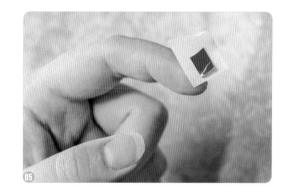

04 根据鬓角的宽度剪下合适的 3M 亚克力胶，贴在美纹纸胶带表面。

05 剪下一块美纹纸胶带。

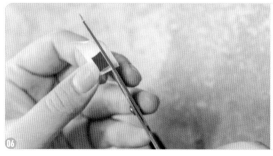

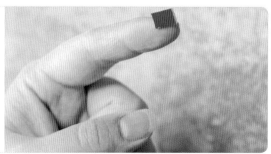

06 沿着双面胶的边修剪美纹纸胶带。

07 找好鬓角的位置，对比大小。

08 贴胶布的同时检查位置。

09 找准位置后撕下胶膜。

10 将鬓角轻轻按上去。

11 对比左边没有贴胶带的状态，确定鬓角没有明显不贴合的状态。当需要取掉假发时，直接抠掉胶块即可。

────(小贴士)────

无论是普通双面胶还是 3M 亚克力胶，都会因为停留时间较长，胶块融化紧附表面，出现胶块取下困难及取下后损坏妆面的情况。用纸胶带隔离可以有效避免这种情况，但停留时间依旧不宜过长。如果需要长期佩戴，则要更换胶块。此方法也可用于佩戴面具、配饰等。

日常佩戴假发时，会出现假发打结或毛躁的情况，这时就需要学会梳理假发。

在梳理假发时要将假发分成几个部分，从下到上慢慢梳理，一直到可以从上到下梳理通顺为止。

卷发的梳理方法如下所述。

01 先将假发分成两大份，再分成小份，从下往上慢慢梳理。

02 遇到打结的部分时不需要强行梳开，只需将打结的部分剪掉，然后继续梳理即可。在将假发全部梳理通顺后，取一束发丝，在手指上打转，就可以得到一个整齐的卷。

直发的梳理方法同卷发。

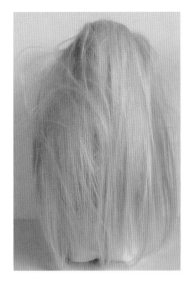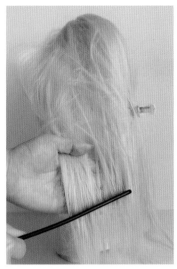

8.6 如何拯救"翻车毛"

假发属于BJD娃物里消耗量较大的一类，且大多数假发的手工含量较高，在被把玩、使用的过程中不可避免会产生损耗。大多数造型强度较高的假发产生损耗后一般会由本家制作者或专业人员进行修复，不过产生一般类损耗的假发都是可以由自己动手修复的。以下内容选用常见基础款式的假发进行修复讲解。

4 顶带有原本造型特征的假发

用于外景拍摄之后，假发本身容易发丝凌乱，但造型特征部分无太大受损，这属于假发受损情况里程度较轻的，在这种情况下进行普通打理即可。

以下方法适用于所有假发可打理范围内的凌乱情况。假发使用过后一定要及时打理，如果假发在凌乱状态下的放置时间过长，则会加速不可逆的损伤。

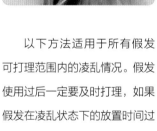

修复前

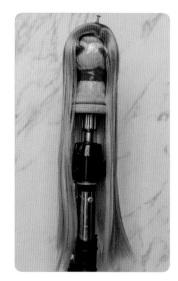

修复后

01 用喷瓶护理液喷湿假发，润滑发丝。

梳理前

梳理后

02 从发丝底部开始从下往上梳理。

03 发丝越长，发尾部越容易打结。遇到打结的部分时不要硬扯，轻轻向两边带开打结的部分，如果遇上拉不开的死结就直接剪掉。

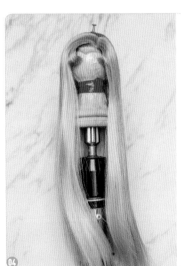

04 初步梳理后的普通效果如左图所示。

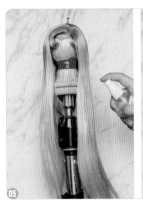

05 方法 1：准备直板夹，在需要烫的部位喷护理液，然后夹住喷湿的部分由上往下拉直。注意，直板夹不能在发丝上停留太久。

06 拉直后的效果如左图所示，按照以上方法处理其余部分。

07 方法 2：准备挂烫机，用梳子挑出一部分发丝。

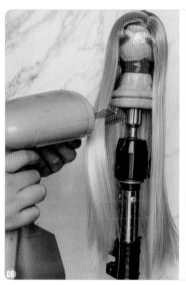

08 从上往下进行挂烫，可反复多次。

8.6.2　发量过多不贴脸型

问题：将假发戴在娃娃头上可以更好地观察发型现有状态，这顶假发的问题是发量过多显得臃肿，以及刘海儿切口处不齐，其他状态良好。

解决办法：去发量和修剪杂丝。

修复前

修复后

01 修剪刘海需要娃娃的五官作为参考线，因此选择无妆练妆头或正版素头，避免中途伤到娃头和妆面，将假发上的多数发排捞起，用牙剪对剩余部分进行发根和发梢的打薄，注意观察修剪强度，少量多次。

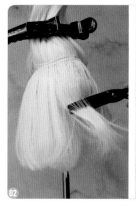

02 以此类推，修剪其他部分的发排，头皮部分的发丝不做修剪。

03 用挂烫机扫烫假发，让假发整体服帖。

04 在侧面喷护理液，用直板夹进行内扣卷烫。

05 刘海儿部分因为已经高于眼睛部分，没有太大的修剪空间，这里只需要用卷发棒烫一下内扣造型、用剪刀修饰杂边即可。

06 将假发戴在娃头上进行最后的调试。

8.6.3　未精细修剪

问题：这顶假发造型凌乱，厚度可接受。

解决办法：可以选择打薄，主要修改内容放在公主切和刘海儿上。

修复前　　　　　　　　　　　　　　修复后

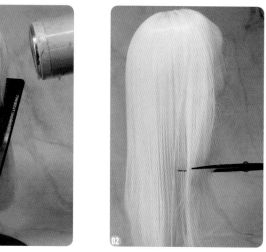

01 用挂烫机直接扫烫。

02 修剪烫焦、损坏的发丝，可以根据情况两边修剪对称。

03 高于眼睛的齐刘海儿烫内扣，修剪杂丝。这顶假发带头皮，因此可以烫出小发缝。

04 修剪公主切至适合的长度，修剪后烫内扣造型。

05 进行观察、调试，并修剪杂毛、整理内扣造型等，完成后喷定型喷雾即可。

8.6.4　重做造型

问题：假发的刘海儿较长，公主切较多，剪掉的部分不可逆。

解决办法：一般情况下可能会认为这样的假发已经报废了，其实可以根据现有情况进行局部修剪。

修复前

修复后

01 将假发戴在头模上调试到正确位置后发现刘海儿完全盖住了眼睛，这种长度的刘海儿的发挥空间更大，如可以修剪成简易 M 字刘海儿。分出位置后观察中间及两边的发量情况。

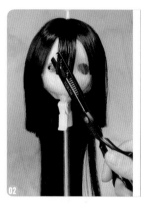

02 用牙剪打薄、修剪面容中间的刘海儿。

03 修剪侧面的刘海儿和靠后的公主切。

04 根据二次元特征拾取顶部的部分发丝，烫出螳螂窝，螳螂窝的大小和顶部的发量有关。

05 修剪侧面部分，公主切过下巴时可剪碎，不过下巴时可齐剪。

　　假发损坏的情况非常多，修复效果根据操作者的经验水平各有不同，需要根据实际情况进行判断。学会以上基础修理手法，大多数假发的问题就会迎刃而解。

第 9 章

BJD与Blythe眼睛的制作

　　首先要掌握一些眼珠制作的专业术语，我们常常在选购眼珠的时候听到这样的描述：这个眼珠是 14/6 尺寸的，那个眼珠是 12/7 尺寸的……那么，这些数字到底意味着什么呢？

　　开头较大的数字是指整个眼珠底座的直径，通常以 mm 为单位，如 14mm、18mm、20mm；第二个较小的数字是指整个虹膜晶体的直径，通常以 mm 为单位，如 5mm、8mm。

　　此外，有的眼珠带有色圈，那么色圈是否要计入虹膜的直径范围呢？一般底座自带的色圈和翻模眼底制作的色圈是不计入虹膜的直径范围的，只有用软陶做的色圈或任何做在眼底内部的色圈才计入虹膜的直径范围。如果色圈在底座上，则会让虹膜看起来大一些。例如，16/8 尺寸的眼珠，如果底座包含色圈，就会比 16/8 无色圈或底座内部的色圈看起来大一些。

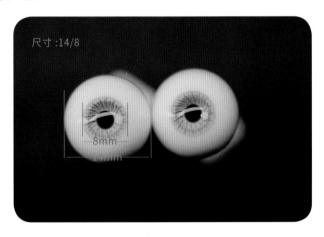

　　为了方便读者理解，本书将眼珠底部统称为"底座"，将眼珠的晶体弧度统称为"瞳片"，将 BJD 佩戴的眼珠称为"树脂眼／石膏眼"（底座如果用石膏制作，则称为"石膏眼"），将 Blythe（小布娃娃）佩戴的眼统称为"眼片"。

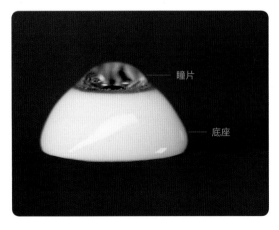

9.1.1　底座模具

BJD 树脂眼底座模具分为棋子底座模具和半球底座模具。注意，有些模具有打印痕迹，但封层后不明显。

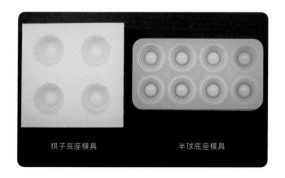
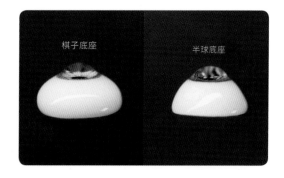

刚从模具里面翻出来时，树脂眼的侧面如下图所示，如果底部水口处有些"溢出"，则需要用海绵抛打磨一下。

树脂眼底座模具还有自带色圈的种类，用这种底座模具将树脂眼翻出来时，其外圈处如下图所示，做眼之前需要将带颜色的 UV 胶填补到色圈的位置。

Blythe 的底座模具有好几种，常用的为碗状底座与柱状底座。下图中上面的为碗状底座，下面的为柱状底座。

碗状底座与柱状底座的正面、侧面如下图所示。

9.1.2 瞳片模具

BJD 树脂眼瞳片模具，左边为正常弧度，右边为高弧度。

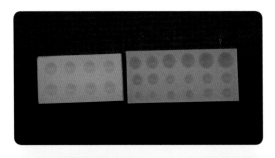 

Blythe 瞳片模具推荐用低弧度或正常弧度，弧度太高则可能卡住眼眶，导致无法拉动拉绳。

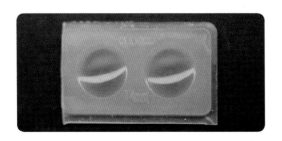 

正常弧度比较百搭，半眠眼也可以佩戴。高弧度适合大眼睛的娃娃，聚光、透亮。

9.1.3 眼底材料

AB水干得很快，且容易受潮，翻模后容易产生内部气泡，因此可以搭配真空机使用。

推荐品牌：郡士AB水、Smooth AB水。这两种AB水都很耐黄，郡士AB水比Smooth AB水显得白一些。

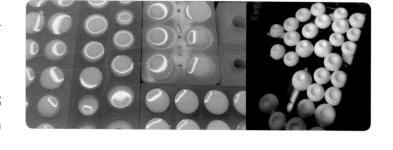

如果预算不够则可以购买AB胶，AB胶比AB水的固化时间久，翻模后需要第二天才可以使用。AB胶的操作更方便，但需要搭配色膏使用，否则是透明的。大多数AB胶的耐黄度不好，所以应搭配耐黄的色膏使用。如果做深色系眼底，则无须考虑耐黄问题。

使用香薰石膏粉做底座时，需要用 UV 胶涂一遍，否则会粘不住软陶。在雕刻时，因为石膏底座比树脂底座脆弱，所以动作要轻一些，否则容易在外圈处产生缺口。在石膏底座上推荐使用软一些的软陶，如 Sculpey Super（美国土）或一些国产软陶。石膏眼很耐黄，不过要注意，封层后会涂 UV 胶，如果 UV 胶黄化，那么石膏眼也会发黄。

9.1.4　色粉 / 色精

申内利尔色粉的颜色鲜亮，粉质很软，可以直接使用勾线笔蘸取。不过此牌子的一些色粉的质地很硬，不方便蘸取。如果预算不够则可以购买分装色粉，然后自己做压盘。下图为笔者自己做的压盘，这样做眼珠时用 / 选颜色会很方便。

史明克色粉也是软色粉，可以用勾线笔直接蘸取。史明克色粉的质感比申内利尔色粉的好，但是其很多颜色比申内利尔色粉的暗一些。史明克色粉非常显色，下图为笔者自己做的压盘。

PANPASTEL 色粉也是软色粉，特别好蘸取，非常显色。个人拙见，它并不比申内利尔色粉和史明克色粉差，甚至更加好用。但它是一个大圆盘，不方便收纳，建议买回来后自己做压盘，这样取色会更方便。

UNISON 色粉可以用勾线笔蘸取，颜色很高级，适合做眼珠。此牌子的色粉的价格有些贵，建议购买分装色彩。

盟友大师级软色粉，也是可以用勾线笔蘸取的。它没有上面 4 个牌子的色粉那么显色，但影响不大。盟友大师级软色粉中有多款色粉很实用、艳丽，如果预算不够则可以买这个牌子的色粉。

9.1.5　雕刻工具

细丸棒和粗丸棒都要购买。粗丸棒是在刻眼纹前使用的，而细丸棒既可以用来戳瞳孔或雕刻眼纹，也可以在后期用来搭配丙烯或模型漆画花纹。

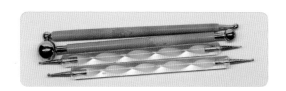

笔刀建议买质量好一些的，便宜的笔刀在握笔刻眼纹的过程中容易松动，需要不时地拧紧，导致效率变低。

9.1.6　软陶 / 油泥

个人比较推荐两个牌子：美国土和比利时软陶。

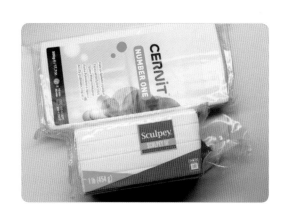

美国土比较软，包含多种类型，笔者习惯用 Sculpey3 的软陶，它很软，方便搭配色粉捏各种纹理。它最让笔者喜欢的一点是很容易揉捏，且不回弹。在石膏底座上雕刻眼纹时推荐用美国土，软软的不容易让石膏产生缺口。如果有比利时软陶，但觉得硬硬的不方便使用，则可以混合少量美国土揉捏，质感会有变化，不那么软，也没那么硬，达到自己觉得刚刚好的程度就可以使用了。

比利时软陶比较硬，推荐搭配树脂底座使用，用它来雕眼纹会有另一种效果。其质感看起来很好，不需要烤干，用来上色也不会影响眼纹细节。如果确实觉得硬，则可以用美国土或国产软陶与之混合，或者使用软陶软化剂。

如果以上两种软陶都觉得贵，那么可以考虑一些国产软陶，不过大多数国产软陶会产生回弹，效果可能没有以上两种好。有些软陶烤干后不易上色，建议上完色后再烤干，这样就不用担心后面会回弹，让眼纹变得不好看了。还有一点需要注意，烤完后，软陶的颜色可能会有变化。

推荐购买硬油泥，使用前可以用热风枪吹一吹，这样它就会变得很软。等它硬了之后再上色粉，既不会影响眼纹，也很好上色，而且油泥雕刻的效果看起来比软陶好。

9.1.7　UV 胶

笔者比较推荐帕蒂格的 UV 胶，帕蒂格的"星之雫"比较耐黄化，可以用于眼珠封层；如果预算不够，则可以购买帕蒂格的"太阳之雫"；如果担心缩胶问题，则可以买帕蒂格的"月亮之雫"，其缩胶率是最低的；如果担心使用过程中的光照导致 UV 胶很快凝固，那么建议购买老版的"太阳之雫"，其在灯下使用基本上不会凝固。

大家也可以使用国产 UV 胶，但是气味较大，不过有些牌子的 UV 胶的耐黄度也是不错的。有的牌子的 UV 胶封层后也不会粘手，硬度也可以，如逗胶，不过不确定其每一批的质量都稳定。

9.2 底座翻模

下面分别讲解 Blythe 眼片底座翻模和 BJD 树脂眼底座翻模的方法。

9.2.1 Blythe 眼片底座翻模

● 方法一

将调好颜色的 UV 胶，用牙签蘸取到硅胶模具中，少量多次地调整。然后用 UV 灯烤干，进行翻模。

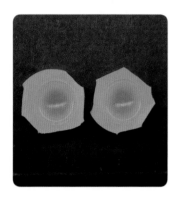  

● 方法二

将调好颜色的 UV 胶滴入硅胶模具，用专门的硅胶塞子压进去，溢出来的 UV 胶烤干后撕掉即可。注意，慢慢压出气泡，照灯烤干后翻模。

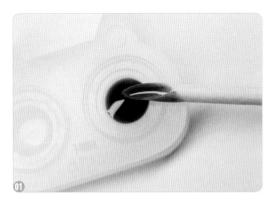

01 用色精或色粉混合 UV 胶调色，滴入硅胶模具中，想要什么颜色的底座就调什么颜色。

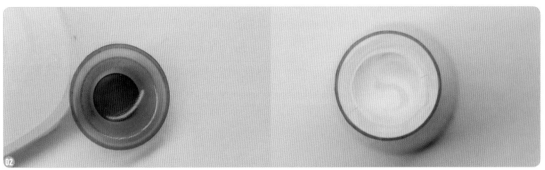

02 购入专门的带色圈模具，调出来的底座颜色就是色圈的颜色。

9.2.2 BJD 树脂眼底座翻模

● AB 胶翻模

准备工具和材料：电子秤、一次性容器、牙签、白色色膏、AB 胶、底座模具。

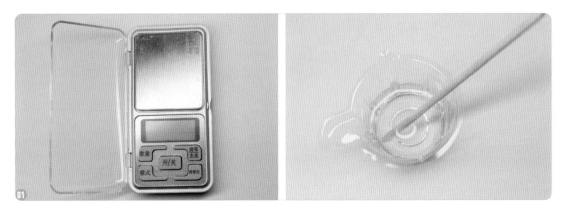

01 准备电子秤，将 AB 胶按照瓶身上说明书中的比例倒入一次性容器中，用牙签搅拌清澈，静置消泡。

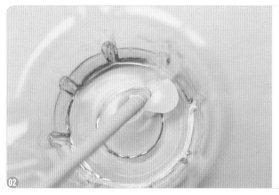

02 加入白色色膏搅拌均匀。

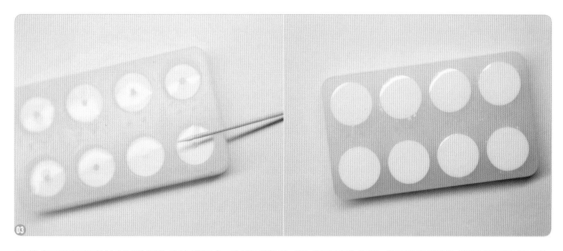

03 将少量调好颜色的 UV 胶倒入底座模具中，先用牙签画一圈，避免产生气泡，然后慢慢倒满，静置直至彻底干透，取出就可以使用了。

● AB 水翻模

准备工具和材料：电子秤、一次性容器、石膏粉、滴管、AB 水、消泡剂、牙签、底座模具。

AB 水的翻模过程和 AB 胶类似，它们唯一不同的是比例和干的速度。AB 水干得特别快，要注意使用时少量多次。打开的一瓶 AB 水建议一次性用完，因为容易受潮。AB 水在搅拌过程中很容易产生气泡，注意手法和力度。轻轻地搅拌，直至清澈，小心地将 AB 水倒入模具中，用牙签搅拌一圈防止外圈部分产生气泡。它不需要调色，会从透明状态慢慢变白，等干透后取出。具体的比例参照瓶身上的说明书。

● 香薰石膏翻模

准备工具和材料：电子秤、一次性容器、石膏粉、滴管、清水、消泡剂、牙签、底座模具。

01 将一次性容器放在电子秤上，用滴管加入一定量的清水。按照石膏粉包装上说明书中的比例加水，也可以看情况多加几滴水。在这里，笔者加了 4.2g 左右的清水。

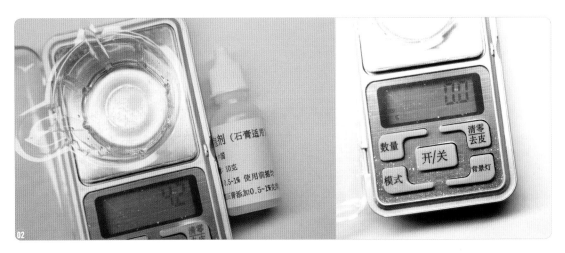

02 滴入一两滴消泡剂（一般石膏粉店家会送消泡剂），然后按"清零"的按键。

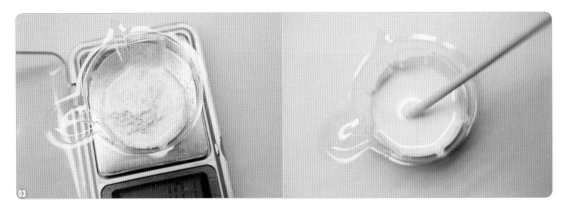

03 按照石膏粉包装上说明书中的比例倒入石膏粉，这里倒了 10g 左右，用牙签搅拌均匀。

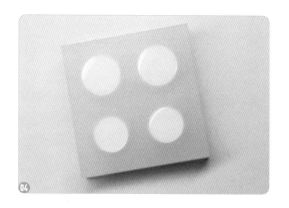

04 将搅拌好的石膏粉倒入模具中，用牙签划一圈防止产生气泡，然后微微震一震模具达到消泡的目的，放在水平面上静置，等干了之后脱模。

BJD 树脂眼如何加手柄？

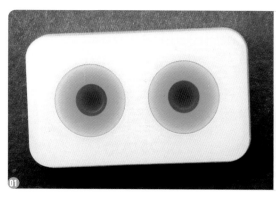 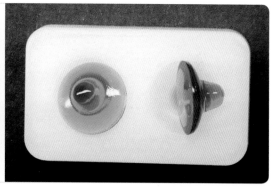

01 购入手柄模具，滴入 UV 胶后烤干。

02 在树脂眼做好后，使用 502 胶水把翻好的底座粘到树脂眼背部。

9.2.3 BJD 树脂眼底座的创意玩法

将喜欢的颜色调入 AB 胶中，并倒入底座模具中进行翻模。BJD 树脂眼底座的翻模方法和前面的翻模方法一致，只是把白色色膏换成了其他颜色的色膏、色精。

用色粉或专业用于石膏调色的色膏和水混合，并加入石膏粉进行翻模。

也可以将闪粉涂抹在翻好的底座上，照灯烤干。

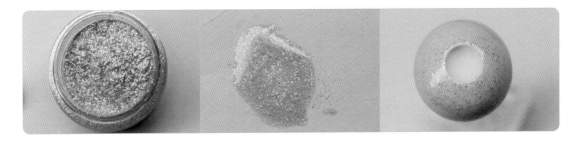

准备树脂底座、色粉、牙签、UV 胶、笔刀、白色丙烯、清水、棉签、酒精、水钻饰品。

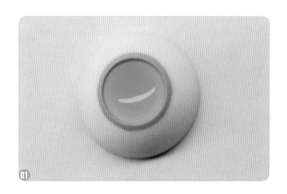

01 选择一种自己喜欢的色粉，用 UV 胶调和好，滴到底座上，用牙签涂均匀。

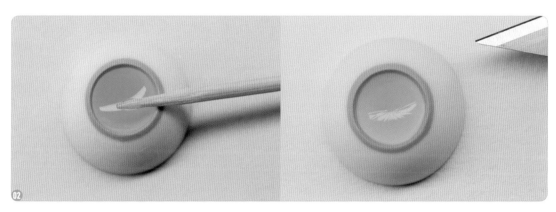

02 用牙签再均匀涂抹一层透明 UV 胶，照灯烤干后用笔刀刻出眼纹。

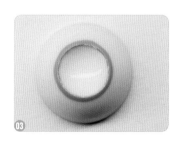

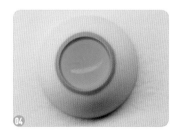

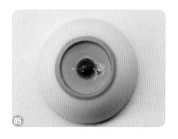

03 将白色丙烯加水混合，涂在眼纹上，静置几分钟。

04 用棉签蘸取酒精擦掉白色丙烯。

05 涂一点透明的 UV 胶，放入瞳孔，可以适量地加入一些小水钻作为点缀。

06 凭喜好涂一些闪粉，照灯烤干。

07 滴出弧度（简称滴弧）后封层。

9.4 立体眼纹

准备底座、色粉、软陶、丸棒、笔刀。

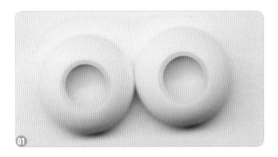

01 将软陶放入底座中，用丸棒按压均匀。

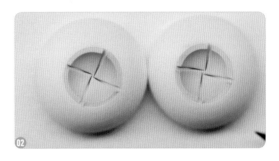

02 用笔刀画十字，用刀背雕刻眼纹，使眼纹更加立体。

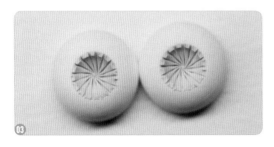

03 均匀地多次雕刻放射性眼纹。

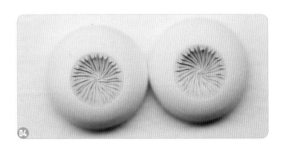

04 再刻一遍眼纹。

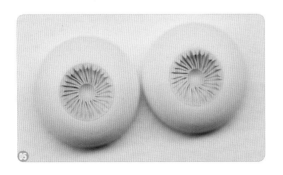

05 用细丸棒戳出瞳孔的位置，注意不要戳歪了。

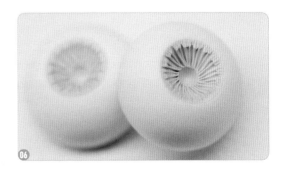

06 用笔刀的刀背刻一遍外圈纹理。

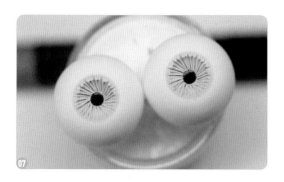

07 将调好颜色的 UV 胶用牙签蘸取，放入瞳孔。

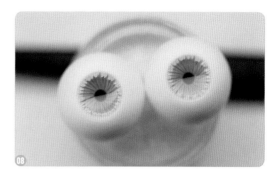

08 再调出一种喜欢的颜色，用拉线笔蘸取调好色的 UV 胶覆盖在眼纹上。

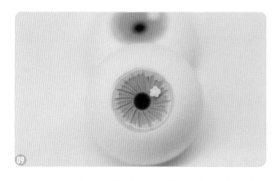

09 加水调和白色丙烯、黄色丙烯，用细丸棒点 5 下白色丙烯，中心点一滴黄色丙烯，做成小花的形状。

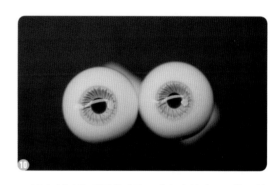

10 滴入 UV 胶后覆盖瞳片，或者直接滴弧，然后就可以封层、照灯了。

准备底座、UV 胶、软陶、丸棒、笔刀。

01 准备好底座，如果是石膏底座，则需要用 UV 胶涂一遍，以免不贴合软陶。

02 如果要做色圈，那么就选择一种喜欢的颜色，将这种颜色的软陶塞进去。

03 用笔刀把溢出的软陶刮掉，注意要轻轻地，不要弄伤底座边缘。

04 用和底座相匹配的丸棒按压，多做几次就可以掌握好力度了。

05 用笔刀轻轻刮掉溢出的软陶，注意不要伤到底座边缘。做好后的效果如左图所示，如果不满意可以用丸棒多按压几次。

06 塞入一块想要的、颜色浅一些的软陶，注意要轻轻地，塞满即可，不要用力挤压，以免破坏深色软陶的形状。

07 和之前一样，用笔刀轻轻地刮掉多余的软陶。

08 再次用丸棒按压，均匀一些。

09 刮掉多余的软陶。

10 开始雕刻眼纹，先用笔刀划一个十字。如果喜欢更深一些的眼纹，则可以用笔刀的刀背进行雕刻，甚至可以用针来雕刻。方法都是一样的，但雕刻出来的眼纹效果是不一样的，大家可以把两种方法都尝试一下。

11 从十字的中间位置，继续雕刻，如左图所示，可以一直循环下去，直到你觉得差不多为止。

12 如果想要特别工整的眼纹，则可以如上一步骤一样，继续从两条纹路的中间位置雕刻下去。如果想要另一种眼纹，则可以沿着这几道眼纹，用笔刀多次填满，稍微不整齐也没关系。（左图中用的是美国土，比较软，如果用其他软陶，则会有不一样的效果。）

13 用笔刀刮掉溢出的眼纹，因为左图中的眼纹看起来有些粗糙，所以可以再调整一下。

14 如左图所示，这一次从靠近外边一些的位置，也就是笔刀所处的位置开始雕刻一圈。

15 刮掉因为雕刻了一圈而溢出的软陶。

16 用细小的、自己觉得合适的丸棒（尺寸为1~2mm），从外圈处往内轻轻压纹路，压成自己喜欢的样子就好，没有具体要求。

17 在压的过程中，既可以压一圈一样大小的纹路，也可以用"小 - 小 - 大 - 小 - 小 - 大"的组合，这样看起来自然又不会过于凌乱。

18 如果觉得压出纹路后，还是有些粗糙，那么可以用细丸棒把外圈凸起的位置，再从外往内压一圈。注意，尽量不要碰最外面的深色软陶，以免破坏外圈。

19 可以用笔刀的刀背，沿着外圈，从内往外雕刻一圈。

20 雕刻后的效果如左图所示，还可以继续用笔刀调整细节。

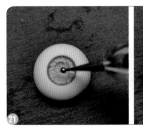

21 如果想要凹进去的瞳孔，则可以选择合适的丸棒，在中心处戳一个瞳孔，刻好眼纹后将调好颜色的 UV 胶填补进去即可，这样眼纹就完成啦。（美国土较软，建议烤干后上色，笔者是用的热风枪，每烤一颗默数 30 秒结束。这个时间自己掌握，如果时间过长，则软陶和眼底之间会有裂痕缝隙；如果时间太短，则可能导致上色不均匀。）

<table>
<tr><td>9.5</td><td>上色技法</td></tr>
</table>

注意：BJD 树脂眼与 Blythe 眼片的上色技法是通用的。

9.5.1 色粉上色

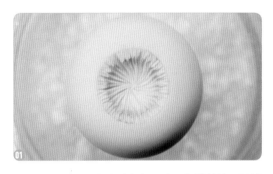

01 按照一圈一圈的方法上色，先用勾线笔涂一圈浅蓝色。

02 在浅蓝色内部涂一圈紫色。

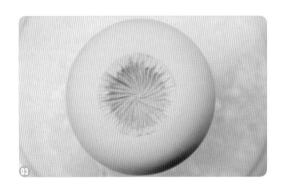

03 从正中开始向外晕染亮色，可以选择黄色或橘色、肉色。

04 在最外面一圈涂蓝色，然后用深蓝色加深外圈。

9.5.2 色精上色

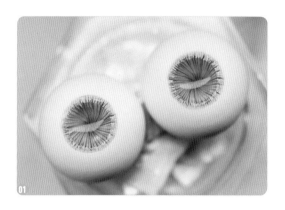

01 在用色粉上好色的基础上，覆盖一层喜欢的色精。

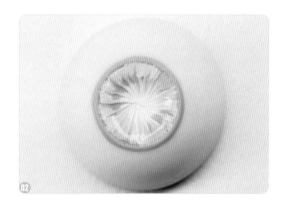

02 也可以直接在白色软陶上，用色精制作渐变色，先涂一点蓝色和紫色。

03 使用蓝灰色填补外圈。

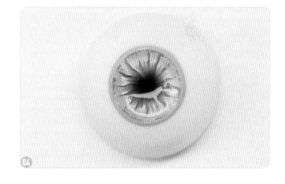

04 深色系可以从中心晕染开，然后放入瞳孔。

9.5.3 其他上色方式

准备喜欢的色粉，混合白色的软陶（美国土也可以）揉捏，让软陶变成喜欢的颜色，可以将多种软陶颜色混合一起来制作眼珠。

准备色粉、软陶（美国土）、丸棒、笔刀、UV 胶、欧泊粉。

01 将色粉与白色软陶混合，调出多种颜色。

02 将其中想要做成渐变的两色软陶搓成两条放在一起。

03 将软陶捏在一起并对折，继续捏在一起并对折，反复操作，直到两种颜色自然融合。

04 准备眼底，先放入深灰色软陶，用丸棒压出多余软陶后，再放入渐变色软陶，压出多余软陶。

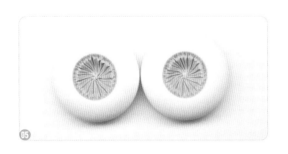

05 使用笔刀雕刻眼纹。

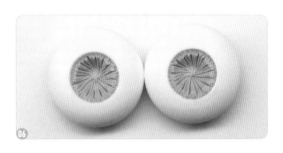

06 如果觉得颜色不够明显，则可以用色粉再上一遍色。

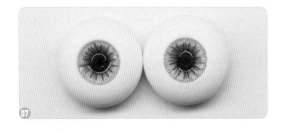

07 放入瞳孔。

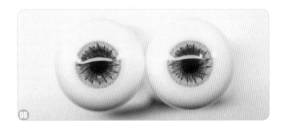

08 滴入 UV 胶后，可以先放入一些欧泊粉再照干、封层。

9.5.4　制作色圈

使用带色圈的底座，用牙签蘸取调好颜色的 UV 胶，沿着外圈凹槽画一圈。

也可以用深色软陶制作色圈，先用丸棒压一遍深色软陶，再压一次浅色软陶，这样就可以呈现出色圈效果。

9.5.5　眼白做血丝效果

找一根红色的线，拆成特别细的毛絮，蘸取 UV 胶，用牙签抹到眼白上，照灯后需要再次封层。注意用细一些、软一些的线，否则封层后血丝表面会不平滑。

9.6　关于消泡/弧度/封层

消除气泡、滴弧和盖瞳片的方法对于 BJD 与 Blythe 而言是通用的。

如何防止眼纹卡气泡？

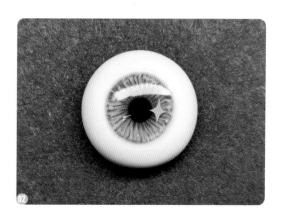

01 用拉线笔蘸取少量 UV 胶涂在眼纹外圈内，涂一圈让它自然流下。

02 滴入 UV 胶后，静置，直到气泡上浮，再用牙签挑出，或者用打火机消泡。

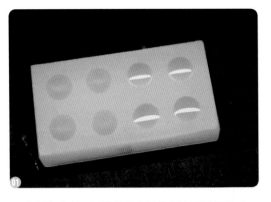

01 在制作之前，可以先把 UV 胶倒入硅胶模具中，避光存放，静置消泡。

02 将 UV 胶滴入模具中，打开手机手电筒，把模具放在手电筒上，透光找气泡。

03 准备一个容器，把 UV 胶（星或太阳款式）避光存放，使用时用牙签小心地取出，滴入眼片模具中。注意，有些 UV 胶即使避光静置也会变得黏稠。

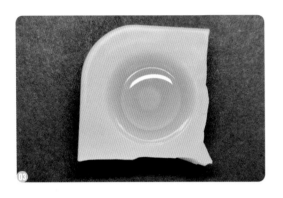

如何手动滴弧？

如果是低弧，在 UV 胶填平后，只需要再滴一两次就可以进行封层。

采用倒置法时，在滴好弧度后，通过倒置的方法让 UV 胶下坠成某种弧度，在合适的时候照干，可以少量、多次地尝试。

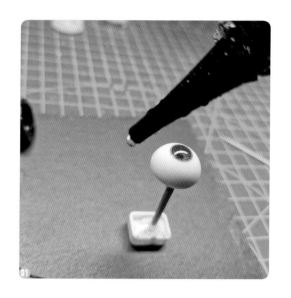

01 如果想要减少气泡，记得在封层之前，拿起 UV 胶，然后打开盖子，倒置 UV 胶，直到 UV 胶自然地流出，让它流到要封层的眼珠上面。

02 转动眼珠，让 UV 胶均匀地流动，覆盖到虹膜处。

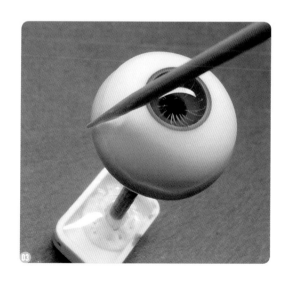

03 用牙签沿着眼底边缘滑动一圈，让 UV 胶均匀地往下流动。

04 用牙签一圈一圈往下滑动，或者可以用刷子往下涂抹均匀。如果用刷子涂抹，则气泡可能会多一些，可以用打火机消泡，注意不要贴得太近，以免烧到眼珠。

05 如果觉得用牙签不方便往下封层，或者用打火机不能消泡，那么可以选择用丸棒封层。用丸棒轻轻地把 UV 胶往下带，下边缘也要照顾到，要勾边。流到底部也没关系，可以用牙签沿着刮一圈，把多余的 UV 胶刮掉。照灯之前，注意查看一圈，如果有少量气泡，则可以用牙签消除。

06 如果觉得挤出的 UV 胶太多，那么可以用牙签在上图所示的位置划拉一圈，把多余的 UV 胶碾在干净的纸上，底部没有覆盖上也没关系，用丸棒往下划拉，上面堆积的 UV 胶便会往下流。

07 注意，下边缘也要照顾到，要再次勾边，不然照干时可能缩胶，导致底部没有完全覆盖住。

08 检查一下，如果没有气泡，并且封层均匀、圆润，那么就可以开始照灯了。照灯的时间没有过多要求，以帕蒂格的星（一款 UV 胶）为标准。如果是那种有很多灯珠的灯，则需要照灯 90 秒；如果是那种很便宜的灯管，则可能需要照灯 10 分钟。这只是笔者个人的标准，不是很严谨，仅作参考。

9.7 树脂眼佩戴大小事

大眼睛和小眼睛都适合什么弧度？

　　大眼睛比较适合高弧，晶体突出、不会卡眼眶，看起来聚光透亮。

　　小眼睛比较适合低弧，这样会更加贴合，且弧度不容易卡眼眶。

怎么挑选适合娃娃属性的眼珠？

　　如果是软萌属性的娃娃，则可以选择无瞳，或者瞳孔边缘模糊的眼珠，看起来不会那么"瞪人"。

　　如果是比较"攻"的娃娃，则可以选择小瞳孔，或者边缘清晰一些的黑色瞳孔，看起来眼神凌厉一些。

怎么佩戴眼珠才好看？

　　正常佩戴：软萌属性的娃娃可以居中佩戴。

　　找角度佩戴：往左或往右。

　　一般来说，瞳孔不要全部露出来，露一半即可。

摄 影 · 陈 夜 枫

摄影：kakuso_R

我是从什么时候开始做假发的呢？再次入坑是因为大学时期隔壁班的同学玩娃娃，于是高中退坑的我又重新入了娃坑。那时我还是一名大学生，没有什么多余的生活费，看了眼叔叔的假发，价格好贵，我好穷，于是脑子里一转，就有了自己做假发的想法……

我在自己拥有的绘画基础上，去理解假发造型这个东西，不会的造型我就自己去理解，那时还没有去找教程的想法，全都根据自己的理解去做，这也给我以后留下了不错的习惯。我喜欢自己研究，喜欢自己实践成功的成就感，又能给娃娃修头发，又有钱赚，何乐而不为呢？

经过大学几年的不懈努力，我终于把爱好变成了工作.我也喜欢研究怎么能让假发更好看、更自然，于是我开始学习真人造型再加以理解用于娃娃的造型。我喜欢现在的我，也很开心有这么多人喜欢我做的造型。

做任何事都没有捷径，即便起点高，也需要时间的沉淀，多学、多练就是进步最好的办法。

不论初衷是什么，只要你对造型感兴趣，这本书就可以帮到你，希望我的这些经验能为大家多带来一些参考。

脆皮

我从小就爱好广泛，什么都想尝试。夸张一点说，做眼是我到目前为止唯一坚持下来的东西，但我在这个过程中也走了许多弯路。例如，有些步骤因为我操作不得当，所以导致瑕疵率高、效率低。根据我两年左右的做眼经验，我把容易产生瑕疵的地方该如何避免——写了出来。这本书的教程多是我的个人习惯操作和经验分享，大家也可以多多尝试更适合自己的方法。

旅人